JARDINIER
DES FENÊTRES

DES APPARTEMENTS ET DES PETITS JARDINS

PAR

JULES REMY

QUATRIÈME ÉDITION

PARIS
LIBRAIRIE AGRICOLE DE LA MAISON RUSTIQUE
26, RUE JACOB, 26

JARDINIER

DES FENÊTRES

PARIS. — IMP. SIMON RAÇON ET COMP., RUE D'ERFURTH, 1.

JARDINIER
DES FENÊTRES

DES APPARTEMENTS ET DES PETITS JARDINS

PAR

JULES REMY

QUATRIÈME ÉDITION

PARIS

LIBRAIRIE AGRICOLE DE LA MAISON RUSTIQUE
26, RUE JACOB, 26

1861

AVERTISSEMENT DE L'ÉDITEUR

En présence de l'accroissement incessant de toutes nos grandes villes, et du nombre toujours croissant d'amateurs de jardinage privés des moyens de satisfaire leur goût pour la culture des fleurs dans un véritable jardin, l'auteur de cet ouvrage a cru devoir refondre complétement son travail, et y introduire, sans en grossir le format et sans en élever le prix, toutes les améliorations qui pouvaient le rendre plus utile au lecteur. De son côté, l'éditeur a joint au texte toutes les gravures nécessaires pour le rendre plus compréhensible. Cette seconde édition n'est donc pas simplement une réimpression

plus ou moins modifiée de la première ; c'est, pour
ainsi dire, un ouvrage neuf, où le lecteur trouvera
exposé tout ce qu'il est possible de faire en fait
d'horticulture, sur la fenêtre, dans l'appartement,
et dans les très-petits jardins, tels qu'il est encore
possible d'en rencontrer çà et là, à l'intérieur des
grandes villes. La partie la plus intéressante de ce
genre de jardinage, l'horticulture d'appartement,
a été traitée par l'auteur avec tous les détails qui
peuvent servir à éclairer l'amateur inexpérimenté :
c'est ainsi que des chapitres spéciaux sont consacrés
au jardin sur la cheminée, sur l'étagère, dans la
jardinière d'appartement et dans la serre de salon,
meuble charmant, d'introduction toute moderne,
et dont le moins habile pourra désormais, en prenant ce volume pour guide, tirer parti de manière
à y trouver une source inépuisable des plus agréables délassements.

L'aquarium d'appartement, autre invention moderne, qui permet de cultiver chez soi les plantes
aquatiques, soit de mer, soit d'eau douce, et de suivre en même temps toutes les phases de développement et les détails des mœurs de divers mollusques,
poissons et crustacés, est également décrit avec tous

les procédés applicables pour l'utiliser complète-
ment, dans les diverses conditions compatibles avec
la position de chacun.

Ce livre, ainsi relevé dans cette seconde édition à
la hauteur des besoins de l'époque, ne peut manquer d'être accueilli avec faveur par tous ceux qui,
pour satisfaire l'inoffensive passion de l'horticulture, n'ont à leur disposition que le jardin sur la
fenêtre ou dans l'appartement.

INTRODUCTION

Tout le monde, de nos jours, prend intérêt au jardinage; tout le monde aime les fleurs, et ceux qui sont forcés de s'en passer éprouvent une véritable privation. Cette privation est vivement sentie dans tous les rangs sociaux; cela seul explique pourquoi, à Paris et dans toutes les grandes villes, on voit tant de maisons dont chaque fenêtre, soit sur la rue, soit sur la cour, est garnie de pots de fleurs où les plantes d'ornement de chaque saison végètent tant bien que mal, plutôt mal que bien, moins en raison des désavantages de leur situation que parce que les notions nécessaires pour les faire vivre et prospérer ne sont pas suffisamment répandues : ce livre a pour but de les vulgariser.

Pour les malades, les convalescents et la classe nombreuse des travailleurs des deux sexes voués à des occupations sédentaires, c'est le plus vif et le plus inoffensif des plaisirs que de voir s'épanouir une rose ou un œillet, dont la floraison a été espérée pendant des mois entiers. L'ouvrier, assidu à sa besogne près de sa fenêtre, guette et compte à mesure qu'elles s'ouvrent les fleurs de ses pois de senteur, de ses capucines, de ses volubilis. S'il y a place sur l'appui de la mansarde pour quelques pots de fraisiers ou pour un groseillier planté dans une marmite réformée, faisant fonction de pot à fleur, toute la famille se partage avec délices les produits de ces plantes soignées avec amour ; c'est un régal sans prix pour tout le monde, quand même la part de chacun ne se composerait que d'une seule grappe de groseilles et de la moitié d'une fraise.

Dans les rangs plus élevés de la société, le même goût pour le jardinage à l'intérieur des maisons peut être plus largement satisfait ; mais il est fréquemment une source de pénibles déceptions. A Paris principalement, où les plantes d'ornement les plus rares se vulgarisent rapidement et sont offertes sur les marchés aux fleurs à des prix très-modérés, ceux qui en font l'acquisition n'achètent pas en même temps la manière de les faire vivre; ils les perdent le plus souvent avant d'avoir eu le temps d'en admirer la floraison. C'est particulièrement cette classe d'amateurs d'horticulture sédentaire que je me fais un devoir de guider et d'éclairer, soit qu'ils disposent d'une de ces fractions de cour intérieure qu'à Paris on décore du nom de jardin, soit qu'ils s'en tiennent forcément au jardin sur la fenêtre et dans l'appartement.

Ce qu'il faut savoir pour réussir dans ce genre de jardinage n'est ni bien long ni bien difficile à apprendre. Mais, si vous voulez obtenir des plantes qu'il vous est possible de cultiver sans sortir de chez vous toute la somme de plaisirs que vous en pouvez espérer, il ne faut pas vous borner à acheter au marché des plantes en fleur ou sur le point de fleurir, pour en jouir un jour ou deux, puis les jeter au coin de la borne et les remplacer par d'autres qui auront au bout du même temps le même sort; il faut vous intéresser à leur croissance, à leur conservation, il faut trouver du plaisir à en prolonger la durée, à en étudier toutes les phases, et vous faire jardinier pendant les instants de loisir qu'il vous est possible de leur consacrer. Afin de vous en faciliter les moyens, je vous donne un

aperçu du matériel très-limité dont vous pouvez
avoir besoin, et des divers genres de terre que vous
devez vous procurer.

JARDINIER DES FENÊTRES

APPARTEMENTS ET DES PETITS JARDINS

PREMIÈRE PARTIE

FLEURS ET FRUITS

CHAPITRE PREMIER

Ustensiles. — Terres et terreau. — Arrosages. — Aération. — Rempotage. — Hivernage des plantes vivaces.

Ustensiles et Matériel. — L'objet principal pour la culture des fleurs en pot, c'est le pot à fleur. Choisissez-le de dimensions en rapport avec l'espace dont vous pouvez disposer; mais surtout ne faites

pas la sottise, par un amour exagéré du luxe et de
l'élégance, de placer vos plantes d'ornement dans
des vases de zinc ou de porcelaine, peints et ornés
de diverses manières : le pot à fleurs commun en
terre rougeâtre est le seul auquel il faut vous tenir. Il n'est pas beau, j'en conviens ; mais, ce qui
vaut mieux, il est bon, et de plus il est le seul bon
pour le service auquel on le destine. Sa substance
poreuse laisse évaporer l'humidité superflue ; elle
donne accès à l'air, qui s'infiltre à travers la terre
dont les pots sont remplis, et dont le contact est
essentiel à la santé des racines des plantes cultivées
en pot. On comprend que cet élément de la vie végétale leur fait défaut quand elles sont plantées
dans des pots imperméables de zinc ou de porcelaine. Si les pots doivent être placés dans l'appartement, on peut les dissimuler sous une enveloppe
de papier de couleur plissé et découpé ; on peut
aussi, quand l'espace disponible le permet, cacher
le pot à fleur commun dans un vase plus élégant
et assez grand pour que l'air circule librement entre
les deux.

Lorsque, pour décorer une cour et donner un aspect agréable au perron donnant accès à un logement au rez-de-chaussée entre cour et jardin, on
veut disposer tout autour un rang de grandes plan-

tes et arbustes d'ornement, on ne peut rien adopter
de plus élégant que les vases de forme conique

Grav. 1. — Vase conique.

(grav. 1 et 2). Ces vases sont préférables aux caisses

Grav. 2. — Vase conique.

en bois, qui se pourrissent rapidement, et ils n'ont
pas la fragilité des pots de terre de très-grandes di-

mensions. C'est une erreur commune parmi les personnes qui n'ont pas de connaissances suffisamment étendues en horticulture, de croire que plus les pots sont grands, plus les racines des plantes s'y trouvent à l'aise. Pour le plus grand nombre des plantes et arbustes d'ornement, des pots de dimensions moyennes valent beaucoup mieux : ils ne contiennent qu'une quantité modérée de terre, et ne mettent pas les racines des plantes en contact avec une masse de terre imprégnée d'une humidité superflue qui les expose à la pourriture.

La terre contenue dans les pots et les caisses a quelquefois besoin d'être binée à sa surface, afin d'empêcher que le tassement provenant de l'eau des

Grav. 5. — Binette à manche court.

arrosages y produise une croûte dure très-préjudiciable aux racines des plantes cultivées. On peut employer à cet effet la binette à manche court (grav. 5),

et pour les pots les plus petits la truelle représentée
de profil et de face (grav. 4 et 5). ●

    Les arrosages doivent être donnés avec des arro-

Grav. 4 et 5. — Truelle de profil et de face.

soirs à gerbe percés de trous très-fins, tel que celui
que représente la gravure 6. Pour arroser les plates-

Grav. 6. — Arrosoir à gerbe.

bandes des petits jardins, on peut employer avec
avantage la pompe portative munie d'une gerbe
d'arrosoir (grav. 7). Celui qui est assez heureux

pour que son jardin en miniature admette deux ou
trois arbres à fruits, un massif de rosiers et quel-

Grav. 7. — Pompe portative munie d'une gerbe d'arrosoir.

ques-uns de ces arbustes qui ont besoin d'une taille
annuelle régulière, ne peut se passer d'une serpette
(grav. 8) et d'un bon sécateur (grav. 9)

Terres et Terreau. — On ne peut apporter trop
de soin dans le choix de la terre, qui doit être ap-

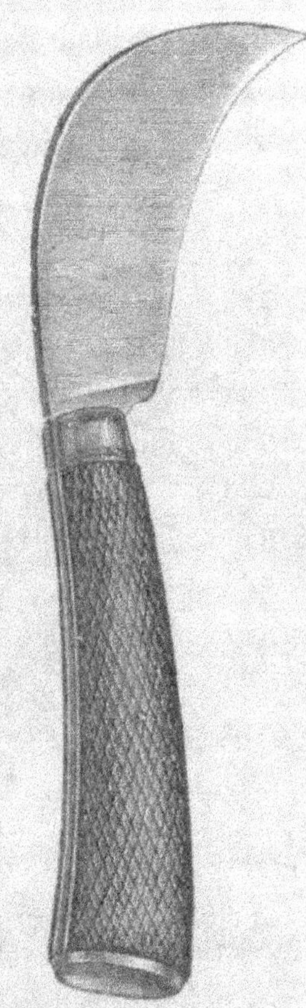

Grav. 8. — Serpette.

propriée à chaque genre de plantes qu'il est possible
de cultiver en pot. En thèse générale, un mélange

rès-exact de bonne terre ordinaire de jardin et de
terreau convient à la plupart des plantes d'ornement de pleine terre, annuelles, bisannuelles ou
vivaces. Demandez à votre laitière de vous apporter
de temps en temps un panier de bonne terre; achetez
au marché aux fleurs le plus voisin de votre domi-

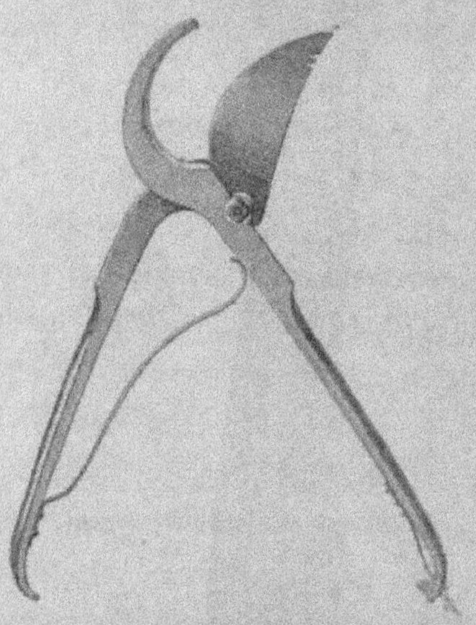

Grav. 9. — Sécateur.

cile un panier de terreau; mêlez bien ces deux substances, et remplissez-en vos pots à fleurs en tassant
modérément leur contenu, de façon que la terre,
à l'intérieur du pot, laisse un rebord vide d'un ou
deux centimètres. Surtout gardez-vous de céder au

préjugé vulgaire qui porte la plupart de ceux qui
achètent des fleurs en pot au marché à supposer
que le vendeur a prodigué la chaux dans la terre
des pots, dans le double but d'activer outre mesure
la végétation des plantes et de les faire promptement périr, afin que l'amateur soit dans la nécessité de renouveler ses achats. La présence de la
chaux n'aurait pas un semblable résultat, et le jardinier, qui le sait parfaitement, n'a garde d'y recourir. Ce qu'il met au fond de chaque pot, ce n'est
pas de la chaux, ce sont des fragments de plâtras et
des tessons de poterie. Ces matériaux ont pour but,
non pas de surexciter l'activité de la végétation des
plantes en pot, mais tout simplement de faciliter
l'écoulement de l'eau superflue des arrosages par
l'ouverture du fond du pot. Bien des gens, tout à
fait novices en horticulture, n'ont rien de plus
pressé, quand ils ont acheté au marché une plante
en pot, que de la dépoter et d'en mettre les racines
à découvert. S'ils trouvent des tessons de poterie
et des fragments de plâtras au fond des pots, ce
sont à leurs yeux des morceaux de chaux, et la
fraude du vendeur est manifeste; aussi se hâtent-ils
d'enlever ces substances et de les remplacer par de
la terre ou du terreau. Le plus souvent, il suffit de
l'exposition passagère à l'air libre des racines des

plantes pour les faire mourir immédiatement, car les plantes ne doivent jamais supporter de dépotage au moment de leur pleine floraison ; l'acheteur s'en prend fort injustement au jardinier, alors qu'il ne doit s'en prendre qu'à lui-même.

Quand vous achetez des plantes vivaces ou annuelles, ou des arbustes d'ornement en fleur, cultivés dans des pots ou des caisses, ne les dérangez pas. Si leur terre doit être renouvelée, ce n'est pas quand ces plantes sont en fleur. Assurez-vous seulement qu'elles ont bien réellement été cultivées dans les pots qu'elles occupent au moment où vous en faites l'acquisition, et qu'on ne les a pas mises en pot le jour de marché, ce qui a lieu trop souvent pour les Mathioles ou Giroflées doubles, rouges et blanches, les Balsamines, les Reines-Marguerites, les Coréopsis, les Immortelles et une foule d'autres plantes. Il est certain qu'à force d'eau ces plantes peuvent conserver un aspect suffisamment frais pendant la tenue du marché ; le lendemain, fatiguées d'une transplantation intempestive, elles se flétrissent et ont bien de la peine à se remettre ; l'acheteur en est pour ses frais. Mais il ne faut qu'un peu d'habitude pour distinguer une plante élevée dans son pot de celle qui vient d'y être transplantée pour en faciliter la vente, pendant qu'elle est en pleine fleur.

L'élément le plus indispensable pour la culture en pot des plantes et arbustes qui doivent décorer la fenêtre ou l'appartement, c'est la terre de bruyère. Il y en a de plusieurs qualités; il ne faut acheter celle dont on a besoin que chez un jardinier connu, qui ne vous vende pas de la terre de bruyère usée, provenant du dépotage de ses vieilles plantes. On cultive dans la terre de bruyère pure les Myrtes, les Bruyères, les Épacris, toutes les Cactées et toutes les plantes grasses, particulièrement la gracieuse et nombreuse tribu des Sédums et des Ficoïdes.

Pour les Orangers, Grenadiers, Lauriers-Roses, et autres arbustes florifères du même tempérament, on peut employer par parties égales le mélange de terre de jardin et de terreau d'une part, et le terreau pur de l'autre. Mais, quand ces arbustes, vivant dans une cour sur les degrés d'un perron, ont pris des dimensions considérables, et qu'on tient à leur conservation, chaque fois qu'en raison de leur accroissement il leur faut un nouveau vase et de nouvelle terre, adressez-vous, comme pour la terre de bruyère, à un jardinier de profession. Il vous vendra de véritable terre à oranger, préparée plusieurs mois d'avance avec parties égales de terre de jardin, de terreau, de terre fraîche argileuse et de terre de bruyère; ces matières, bien incorporées les unes aux autres, formant un mélange parfaitement homogène, produiront tout leur effet utile et assureront l'avenir de vos arbustes.

Si vous avez une petite collection de Géraniums et de Pélargoniums, donnez-leur un mélange d'un tiers de terre de jardin, un tiers de terre de bruyère, et un tiers de fumier à demi consommé. Le meilleur pour cet usage est le fumier de vache, fumier dont votre laitière vous apportera un panier chaque fois que vous en aurez besoin. Si vous pouvez en obtenir un seau en zinc rempli de bouse de vache, sans mélange de litière, laisser bien sécher ces bouses, réduisez-les en poudre grossière, servez-vous-en au lieu de fumier pour la composition de votre terre à Géraniums, dans la proportion ci-dessus indiquée; ces plantes y croîtront à souhait. Le même mélange convient parfaitement pour les Camellias.

Arrosages. — Si vous tenez à la santé de vos plantes, considérez les arrosages comme la partie la plus importante des soins que vous avez à leur donner. Choisissez avec discernement l'eau destinée à cette opération : l'eau de pluie, quand vous en avez à votre disposition, est la meilleure de toutes; l'eau de puits est la moins bonne. Si vous n'avez qu'un petit nombre de pots à arroser, servez-vous de l'eau de fontaine que vous apporte le porteur d'eau pour les usages domestiques. Mais surtout n'arrosez jamais les plantes qu'avec de l'eau à la même température que la terre des pots; ce précepte n'admet pas d'exceptions. Si, par exemple, dans une chambre où règne une température douce, vour versez sur les racines d'un Camellia de l'eau glacée sortant du puits, c'est comme si, tandis que vous vous chauffez les pieds au coin du feu, quelqu'un s'avisait de répandre dessus une carafe d'eau froide. Vous en seriez inévitablement malade; il en est de même de vos Camellias, et c'est bien souvent parce qu'ils ont été arrosés d'eau froide, la terre de leurs pots étant tiède, qu'ils laissent tomber l'un après l'autre tous leurs boutons de fleurs, dont pas un ne s'épanouit régulièrement. Les Camellias, les Gardenias et quelques autres arbustes à végétation vigoureuse, se trouvent très-bien d'être arrosés une fois par semaine, aux approches de l'époque de leur floraison, avec de l'eau grasse provenant du lavage de la vaisselle.

Je dois placer ici une observation fort importante, sur laquelle j'appelle toute l'attention des amateurs qui doivent se contenter du jardin sur la fenêtre. Il y a, pour quiconque habite la ville, deux personnages avec lesquels il ne faut jamais se brouiller : ce sont le propriétaire de la maison qu'on habite et le commissaire de police de son arrondissement. Si vous arrosez sans précaution les pots et les caisses qui ornent votre balcon, l'eau superflue des arrosages, coulant en dehors du balcon, dégradera la façade de la maison, ce qui fera jeter les hauts cris à M. le propriétaire; elle pourra fort bien aussi tomber quelquefois sur les passants, qui, n'éprouvant pas, naturellement, le besoin d'être arrosés, se plaindront à M. le commissaire de police. Pour échapper à ce double désagrément, d'abord imposez-vous la loi de ne jamais arroser les pots et les caisses sur le balcon, sans placer dessous une capsule en terre cuite ou en zinc, qui recevra l'eau surabondante à mesure qu'elle s'écoulera par l'ouverture du fond du pot ou les fentes du fond de la caisse. Quand ces capsules seront pleines d'eau, vous les viderez dans la pierre à laver, et vous n'aurez, au sujet des arrosages, maille à partir avec personne.

En été, quand, après une sécheresse prolongée, les feuilles de vos plantes et arbustes d'ornement seront surchargées de poussière, prenez chaque pot l'un après l'autre, portez-le dans la cuisine, sur la pierre à laver; là, en le tenant dans une position inclinée, vous *bassinerez* (c'est l'expression reçue en jardinage) le feuillage de chaque plante, afin d'en faire disparaître la poussière, sans mouiller

avec excès la terre des pots, après quoi vous n'aurez
qu'à les remettre à leur place, sur le balcon, ayant
ainsi concilié les soins réclamés par la santé de vos
plantes avec les égards dus à deux personnages
qu'on ne saurait trop ménager.

Aération. — L'air et la lumière sont deux éléments non moins nécessaires que la terre et l'eau
pour la vie des végétaux. Ces éléments leur manquent souvent quand on les cultive dans un appartement, ou même sur l'appui d'une fenêtre ouvrant,
soit sur une cour sombre, entourée de hautes constructions, soit sur une de ces rues étroites où l'air
pur est remplacé par les émanations fétides de la
boue et du ruisseau. Dans l'appartement, sauf à dé-
ranger s'il le faut la symétrie de l'ameublement,
les plantes florifères doivent occuper, non pas la
place qui convient le mieux à la décoration du local, mais celle où elles peuvent le mieux profiter
de la lumière. Celui qui parcourt les rues principales des grandes villes de la Belgique peut, en re-
gardant à droite et à gauche, y faire un cours de
botanique et d'horticulture. Chez tous les amateurs
de fleurs (et, dans ce pays, tout le monde, riche ou
pauvre, est amateur d'horticulture), des dressoirs
en bois peints en vert, chargés de plusieurs rangs
de pots contenant les plus belles plantes fleuries de

chaque saison, sont placés devant l'une des deux
fenêtres dont les chambres habitées sont ordinairement éclairées ; ce n'est pas seulement pour que les
passants rendent hommage à leur beauté et au talent
de celui qui cultive tant de belles plantes dans l'appartement ; c'est principalement pour que les plantes
ne perdent rien de la lumière qui peut arriver jusqu'à elles à travers les carreaux de vitre, quand la
température extérieure ne permet pas d'ouvrir les
fenêtres. Si, dans un logement un peu spacieux,
le soleil éclaire successivement des pièces à des expositions différentes, on transporte les plantes en
pots d'une chambre à l'autre, pour qu'elles ne perdent pas un rayon de soleil. Là où l'air de la rue
est décidément mauvais et vicié, il est des plantes
qui doivent être exclues du jardin sur la fenêtre ;
tels sont en particulier les Rosiers, qui ne fleurissent
bien et abondamment que dans l'air le plus pur.
C'est pour cette raison qu'en Angleterre, dans les
environs de toutes les grandes villes industrielles,
on ne peut pas conserver de Rosiers. Les riches
amateurs en font venir de France et de Belgique,
et doivent les renouveler tous les deux ou trois ans.
Au bout de ce temps, l'atmosphère, chargée de va-
peur d'eau et de fumée de charbon de terre, les a
tellement rendus malades, que, quoiqu'ils végètent

encore un peu misérablement, aucun de leurs boutons ne peut plus s'épanouir.

Rempotage. — Il y a des arbustes vigoureux qui peuvent vivre en pots ou en caisses, dans la même terre, pendant longues années, sans que cela les empêche de vivre et de fleurir passablement tous les ans : tels sont en particulier les Lilas, spécialement les Lilas de Perse, élevés sur une seule tige, et taillés pour leur faire une tête régulière qui, pendant un mois au printemps, forme le plus gracieux bouquet. Néanmoins, au bout d'un temps plus ou moins long, toute plante ou arbuste cultivé en pot ou en caisse doit subir l'opération du rempotage. Le moment le plus favorable pour cette opération est celui où la végétation sommeille encore, à l'issue de la mauvaise saison, mais où elle est sur le point de se réveiller. On laisse alors les plantes souffrir pendant quelques jours de la sécheresse, ce qui, dans cette saison, ne leur cause aucun préjudice. La motte de terre, étant bien sèche, se détache aisément des parois du pot ou de la caisse. On en retranche avec précaution la moitié environ tout autour, avec une partie des racines qui s'y trouvent mêlées. Alors on remplit de terre neuve, au quart environ de sa profondeur, le pot, dont on a dû couvrir le trou du fond avec un tesson de poterie cassée, afin que cette ouverture ne puisse être obstruée par la terre, et que l'écoulement de l'eau surabondante des arrosages s'opère sans obstacle. Cela fait, on pose bien au centre du pot la plante avec ce qui reste de la motte de terre adhérente à ses racines. On verse de la terre bien émiettée entre la motte et les parois du pot; on tasse modérément la terre avec les doigts, et l'on termine l'opération par un léger arrosage. Aussitôt après le rempotage, on donne de l'air aux plantes aussi souvent que la température extérieure le permet, et on arrose de plus en plus largement, à mesure que les plantes entrent en végétation.

Hivernage des plantes. — Lorsqu'un appartement bien meublé et bien chauffé, habité par une personne aisée ou riche, est décoré de plantes d'ornement de serre tempérée, l'hiver est le moment de l'année où ces plantes donnent le plus d'agrément et où elles poussent avec le plus de vigueur; leur hivernage ne donne aucun embarras. Il n'en est pas de même des Orangers, Grenadiers, Myrtes et Lauriers-Roses, ainsi que des Giroflées, Œillets et autres plantes vivaces en pots, dont la végétation doit sommeiller pendant tout l'hiver. Ce qui fait le plus souvent périr ces arbustes et ces plantes pendant l'hivernage, ce n'est pas le froid, c'est la chaleur. Dans la remise ou la cave où on les conserve, la température est toujours assez élevée, pourvu qu'il n'y gèle pas. Si l'on commet la faute de les placer dans un local un peu trop chauffé pendant les grands froids, leur végétation repart hors de saison; les pousses étiolées qui en résultent ne résistent pas à la température humide et froide, quoique sans gelée, qui succède aux froids rigoureux, et l'existence même des plantes et arbustes se trouve sérieusement compromise. Un local sain, exempt d'humidité, le mieux éclairé possible et exposé au midi, où jamais on n'allume de feu, à moins que ce ne soit pour empêcher la gelée d'y pénétrer, est celui qui convient le mieux pour abriter convenablement pendant l'hiver tous les végétaux d'ornement dont la végétation subit le sommeil hivernal.

Température. — Dans la culture des plantes en pots sur la fenêtre et dans l'appartement, l'amateur de fleurs ne peut, comme le jardinier de profession modifier à volonté la température à laquelle il soumet ses plantes, en proportion des besoins de leur végétation. Il y a cependant un principe auquel, dans de certaines limites, il lui est possible de se conformer; ce principe, c'est celui de l'égalité de la température. Les plantes, en toute saison, mais particulièrement en hiver, se portent d'autant mieux que la température à laquelle elles sont soumises est plus égale. Il y a souvent des différences énormes entre la température du jour et celle de la nuit dans les chambres habitées en hiver. Un Camellia, une Cinéraire, un Kalmia, sortant de la serre d'un jardinier qui a mis tous ses soins à ce que ces arbustes florifères n'aient jamais plus froid la nuit que le jour, est acheté pour orner un appartement où il aura inévitablement très-chaud toute la journée et où il éprouvera un refroidissement très-sensible pendant la nuit : il ne peut manquer d'y languir et d'y laisser ses boutons à fleurs, souvent même une partie de son feuillage. On doit donc s'attacher, autant que possible, à satisfaire à cette condition si essentielle de la végétation des plantes de prix, qui passent sans transition de la serre du jardinier dans la chambre de l'amateur. On doit, à cet effet, éloigner les plantes du foyer le plus possible quand la chambre est bien échauffée, et les en rapprocher le soir, afin qu'elles éprouvent le moins de refroidissement possible pendant la nuit. La plupart des plantes d'ornement qui fleurissent en hiver, comme les Camellias, ou de très-bonne heure au printemps, comme les Kalmias, les Rhododendrons et les Azalées, se portent mieux et fleurissent plus abondamment lorsqu'on leur fait passer la plus grande partie de l'hivernage dans une partie de l'appartement où le feu n'est pas allumé toute la journée, dans la salle à manger, par exemple, sauf à les porter, quand ces arbustes sont tout près de fleurir, dans la chambre à coucher ou dans le salon, en prenant, quant à la température, les précautions que je viens de recommander. Si le système qui commence à s'établir, de chauffer toute une maison au moyen d'un thermosiphon, ou appareil à circulation d'eau chaude placé dans la cave, parvient à se généraliser, la santé des plantes cultivées à l'intérieur des appartements y gagnera autant que celle des hommes, rien que par le fait de l'égalité de température de jour et de nuit. Les plantes s'apercevront à peine qu'elles sont passées de la serre du jardinier dans la chambre de l'amateur; elles y retrouveront exactement les mêmes conditions de végétation.

D'autres plantes, en petit nombre, spécialement l'Hellébore rose d'hiver et le Galanthus perce-neige, doivent rester sur le balcon, quelque temps qu'il fasse : le froid le plus intense des hivers, sous le climat moyen de la France, ne saurait les endommager, et c'est un des plaisirs que procure en hiver le jardin sur la fenêtre, de voir s'épanouir la perce-neige sous une couche de neige, et d'avoir encore une fleur à faire cueillir à une amie en visite, alors qu'un froid rigoureux a complétement paralysé toute autre végétation.

Ce qui précède contient les indications les plus importantes pour ce qu'on peut nommer le jardinage chez soi; en s'y conformant de point en point, on peut, dans des limites assez étendues, pratiquer avec succès l'horticulture sur la fenêtre et dans l'appartement.

CHAPITRE II

Le jardin sur la fenêtre. — Au nord. — Possibilité d'en tirer parti.
Au sud, le plus favorablement situé. — A l'est ou à l'ouest. — Ce
qu'on y peut faire de jardinage. — Plantes annuelles, bisannuelles,
vivaces, grimpantes, remontantes.

Avant de songer à faire un peu de jardinage sur
l'appui d'une fenêtre, il faut considérer d'abord
quelle en est l'exposition. Les fenêtres au nord sont
les moins favorablement exposées ; celles au sud,
au sud-est et au sud-ouest, sont les mieux placées ;
celles à l'est et à l'ouest sont dans des conditions
intermédiaires. Les limites du jardinage possible à
ces différentes expositions varient dans des pro-
portions très-larges ; mais aucune d'entre elles ne
rend le jardin sur la fenêtre absolument impossible ; c'est ce que j'espère vous démontrer.

La fenêtre au nord. — La première chose à faire
pour jardiner sur une fenêtre au nord, c'est de
l'encadrer de verdure. Après avoir ajusté à la ba-

lustrade du balcon un léger treillage surmonté d'un
cerceau courbé en arcade, on a peu de choix quant
aux plantes grimpantes propres à le garnir. La Glycine de la Chine, le Cobæa grimpant, le Volubilis,
le modeste Haricot d'Espagne lui-même, y végéteraient mal et n'y fleuriraient pas ; la Vigne vierge y

Grav. 10. — Corbeille en fer galvanisé pour prévenir la rouille.

languirait. On ne peut utiliser qu'une seule plante,
le Lierre, que l'exposition du nord n'empêche pas
de végéter. La meilleure variété de Lierre est connue sous le nom de *Lierre d'Irlande*. Le tempérament de ce Lierre est très-robuste ; on peut le tailler
en toute saison, raccourcir les jeunes tiges à mesure qu'elles poussent, enlever les feuilles qui

prennent un ton jaunâtre, et qui sont à l'instant remplacées par d'autres d'un vert toujours clair et gai, même en hiver. On a de cette manière un ornement rustique de fenêtre très-agréable, qui peut être complété par une légère corbeille suspendue, en fer galvanisé pour prévenir la rouille, telle que celle que représente la gravure 10. De toutes les plantes qu'on peut placer dans un pot dissimulé par de la mousse au centre de cette corbeille, la meilleure est la Saxifrage à filets. Quand cette singulière plante rencontre à sa portée un sol auquel elle puisse s'attacher, les longs filaments qu'elle émet dans tous les sens donnent à chaque nœud des racines et une touffe de feuilles qui devient une plante nouvelle, absolument comme les filets ou coulants du Fraisier. Quand la Saxifrage à filets occupe le centre d'une corbeille suspendue, ses filets retombent avec grâce; la touffe centrale donne seule quelques fleurs; elle en donne même rarement à l'exposition du nord; les filets, ne trouvant pas de point d'appui et ne pouvant vivre qu'aux dépens de la plante mère, s'allongent peu et ne fleurissent point; mais leurs feuilles, rougeâtres en dessous, d'un beau vert veiné de blanc en dessus, attachées à des filets lisses retombant de tous côtés par-dessus les bords de la corbeille, s'associent avec beaucoup de grâce à l'entourage de Lierre d'Irlande d'une fenêtre à l'exposition du nord.

On ne doit placer sur la fenêtre au nord qu'un ou deux pots de chaque côté. Les plantes les mieux appropriées à cette destination sont celles qui se plaisent à l'ombre, peuvent fleurir plus ou moins sans avoir besoin du contact des rayons solaires, et croissent plus en hauteur qu'en largeur. Telle est en particulier la Digitale, dont on possède deux bonnes variétés, l'une rose, tachée de pourpre à l'intérieur, l'autre blanche, de même forme et de même tempérament que la précédente. Une Digitale blanche et une rose, élevant leurs tiges florales toutes droites le long d'un treillage garni de Lierre d'Irlande, y produisent un effet ornemental de très-bon goût. A côté de ces plantes on place un pot d'une autre plante également capable de se passer de soleil, et formant naturellement une touffe fleurie très-peu élevée. Vous avez le choix dans les Hépatiques rose et bleue, à fleurs simples et doubles, les Mimulus musqué, cardinal, moucheté, les Némophiles, toutes charmantes de feuillage comme de floraison, le Muguet, la Pervenche, la Violette et l'Hypéricum à grande fleur. On doit laisser vide le milieu de l'appui de la fenêtre au nord, pour un motif que je recommande à votre attention. Si dans votre appartement il y a des fenêtres au nord et d'autres au midi, vous vous empresserez, pendant les fortes chaleurs de l'été, de fuir la chambre convertie en fournaise, et vous irez chercher un peu de fraîcheur dans la chambre au nord. Là, assise près de la fenêtre ornée de Lierre, vous vous adjoindrez, pour vous tenir compagnie, les plus jolies et les plus délicates des plantes en fleur de vos fenêtres au midi. Ce changement temporaire de domicile leur sera très-favorable : placées pendant les heures les plus chaudes de la journée sur la partie laissée vacante de la fenêtre au nord, elles retourneront, le soir, par vos soins, à leur premier domicile, jusqu'à l'heure de midi du lendemain ; vous prolongerez ainsi leur floraison, sans nuire en aucune manière à leur bonne santé.

Il est possible aussi que toutes les fenêtres de votre appartement soient à l'exposition du nord. Dans ce cas, si votre budget n'est pas par trop restreint au chapitre fleurs, vous pourrez vous permettre de temps à autre, durant la belle saison, une visite au marché aux fleurs ; vous en rapporterez quelques plantes en pots, que vous choisirez parmi les moins chères et les moins délicates, sachant qu'elles ne peuvent ni fleurir d'une façon bien brillante, ni prolonger bien longtemps leur existence sur les fenêtres au nord; vous en serez prévenue d'avance, et vous en aurez pris votre parti, le mal étant sans remède.

La fenêtre à l'est. — Sans être aussi favorablement située que si elle regardait l'ouest ou le midi, la fenêtre à l'est admet un bien plus grand nombre de plantes d'ornement que la fenêtre au nord. Vous en pouvez garnir l'encadrement, non plus de Lierre, mais de Volubilis, de Haricots d'Espagne, de Cobæas et de Capucines, plantes dont les fleurs, aux coloris très-différents entre eux, vous donneront pendant toute la belle saison des masses fleuries d'une richesse inépuisable. Vous aurez soin de ne laisser porter graine à aucune de ces fleurs, et de les couper à mesure qu'elles fleuriront. A l'exposition de l'est, les graines des plantes grimpantes ne mûriraient pas; les plantes s'épuiseraient par la production superflue de graines stériles, et la floraison en serait diminuée d'autant, en pure perte. Quand on dispose de plusieurs fenêtres à l'est, et que l'encadrement en est principalement formé de Capucines, qui, pourvu qu'elles soient suffisamment arrosées, ne peuvent manquer d'y fleurir très-abondamment, il ne faut pas négliger un produit fort agréable, qu'on en peut obtenir. Tous les deux ou trois jours, enlevez la moitié de ceux des boutons de fleurs qui auront atteint le volume d'un pois; ceux que vous laisserez suffiront et au delà pour donner le nombre de fleurs nécessaires à la décoration de l'encadrement de vos fenêtres. Ceux que vous aurez retranchés seront jetés, à mesure que vous les aurez cueillis, dans un bocal plein de fort vinaigre, qu'il n'est pas nécessaire de faire bouillir. Quand le bocal sera plein, vous y ajouterez, après en avoir retiré une égale quantité de vinaigre, quelques cuillerées de bonne eau-de-vie. Les boutons de Capucines ainsi préparés ont une saveur très-relevée; ils peuvent remplacer les câpres et être employés aux mêmes usages dans la cuisine.

La fenêtre à l'est n'admet pas beaucoup de plantes d'ornement au delà de celles qui ont été indiquées pour la fenêtre au nord, quand elle ouvre sur des rues étroites, manquant d'air et de lumière, surtout si elle est située aux étages inférieurs d'une maison très-haute, ayant vis-à-vis d'autres maisons de même hauteur. Mais, si les fenêtres sont situées aux étages supérieurs d'une maison faisant partie d'une rue large, d'une place publique, d'un quai ou d'un boulevard, la pureté de l'air permet d'y placer la plupart des plantes annuelles d'ornement de chaque saison ; la Rose et l'OEillet doivent cependant en être exclus, ainsi que l'Héliotrope, qui ne sauraient y bien fleurir. Si l'on achète au marché quelques bonnes plantes vivaces, des Mathioles et des Juliennes au printemps, des Agérats du Mexique en été, des Véroniques d'Henderson et des Chrysanthèmes de Chine en automne, on pourra, sans aucune peine, après avoir goûté le plaisir de les voir fleurir très-passablement, les conserver l'hiver, et les voir refleurir l'année suivante, ce qui en doublera la valeur.

L'un des arbustes d'ornement que je vous engage à préférer pour la décoration de la fenêtre à l'est, c'est le Lilas. Peut-être le Lilas de Perse, d'un tempérament assez délicat, n'y réussirait-il qu'à moitié ; mais le Lilas commun, élevé sur une seule tige surmontée d'une tête de forme régulière, y sera parfaitement à sa place. Ne craignez pas qu'il grandisse trop et tende à usurper, sur la fenêtre, plus d'espace qu'il ne vous convient de lui en accorder. Si vous avez soin de retrancher les fleurs à mesure qu'elles se flétrissent, de supprimer toutes les branches inutiles qui encombrent l'intérieur de la tête du Lilas, et qui ne peuvent pas fleurir ; si vous y joignez l'attention d'arroser modérément la terre des caisses contenant vos Lilas, et de ne chan-

ger cette terre que tous les trois ans, à l'entrée de
l'hiver, ces arbustes se comporteront très-bien sur
le balcon à l'est; ils fleuriront régulièrement chaque printemps; ils passeront l'hiver à l'air libre,
sans avoir rien à craindre du froid le plus sévère
qui puisse régner sous le climat moyen de la
France, et leur énergie de vitalité est telle, que,
fussiez-vous encore dans la fleur de l'âge, vous pouvez espérer de léguer vos Lilas à vos descendants.
Je connais dans Paris des Lilas, sur des fenêtres à
l'est, qui ont déjà charmé les loisirs de deux générations d'amateurs, et qui ne donnent encore aucun
signe de décrépitude.

De même que tous les arbustes que vous pouvez
cultiver sur la fenêtre, n'importe à quelle exposition, vos Lilas tendront constamment à diriger
vers la rue leurs pousses annuelles qui doivent
fleurir l'année suivante. Cette tendance, en déran-
geant l'harmonie de la forme de l'arbuste, finirait
par lui donner une apparence disgracieuse; c'est
un inconvénient facile à prévenir en retournant les
caisses de vos Lilas tous les deux ou trois jours. De
cette manière, tous les côtés de leur tête recevront
tour à tour et pendant le même temps leur part
légitime d'air et de lumière, et les pousses florifères conserveront leur position redressée, qui ajoute

à leur bonne apparence tandis qu'elles sont chargées de grappes de fleurs. En agissant selon ces indications, je vous promets que vous aurez sur vos fenêtres à l'est votre saison de Lilas, sur une moindre échelle, mais peut-être avec autant et plus d'agrément que le riche blasé qui se promène en bâillant dans les bosquets de Lilas de son parc, arbustes qu'il regarde à peine, et auxquels il ne prend aucun intérêt.

Afin de ne pas perdre l'usage de la fenêtre pour regarder au dehors, et de ne pas diminuer la clarté de l'intérieur de l'appartement, si vous avez placé aux deux coins de vos balcons à l'est une caisse contenant un Lilas, remplissez le reste de l'espace vide avec des plantes à basses tiges, telles que des Renoncules, des Pensées, de la Violette et du Réséda. Le choix parmi les plantes de ces dimensions qui peuvent fleurir sur une fenêtre à l'est et se contenter pour cela de quelques heures de soleil dans la matinée, est assez étendu pour qu'en toute saison, sauf le cœur de l'hiver, vous puissiez avoir votre jardin sur la fenêtre bien fleuri, bien parfumé, et prendre encore la distraction de regarder les passants, quand vous n'avez rien de mieux à faire.

N'oubliez pas, pour la fenêtre à l'est comme pour

celle au nord, une corbeille suspendue, d'un diamètre tel qu'elle n'empêche pas d'ouvrir et de fermer la fenêtre, et qu'elle ne puisse pas donner trop souvent de la besogne au vitrier. A cette exposition, vous pouvez, outre la Saxifrage à filets, loger dans la corbeille suspendue un Géranium retombant ou même un Cactus fouet, ou flagelliforme, vulgairement nommé Serpentine, parce que ses longues tiges flexueuses ressemblent à des serpents ; elles y fleuriront moins bien et moins abondamment qu'au sud ; mais vous en obtiendrez chaque année quelques charmantes fleurs du rose le plus vif, et, de même que vos Lilas, le Cactus fouet pourra durer indéfiniment, pourvu que vous décrochiez la corbeille qui le contient, à l'entrée de l'hiver, et que vous lui fassiez passer la mauvaise saison dans une chambre où la gelée ne puisse l'atteindre.

La fenêtre à l'ouest. — Si votre appartement est éclairé par plusieurs fenêtres ouvrant à l'ouest, c'est alors que rien ne vous empêche d'y pratiquer le jardinage tout à votre aise ; un balcon à l'ouest admet, selon sa surface, tout ce qu'on peut faire de jardinage dans une plate-bande de parterre. Afin de rendre la ressemblance plus complète, garnissez celui de vos balcons à l'ouest que vous voulez sacrifier pour cette destination, et qui vous est le

moins nécessaire pour prendre l'air à la fenêtre,
d'une caisse longue, large comme l'appui de la
fenêtre, et d'une hauteur égale à sa largeur. Remplissez cette caisse d'un mélange par parties égales
de terreau de couches rompues et de bonne terre
de jardin ; vous aurez improvisé la place d'un parterre en miniature. Ce parterre, que vous tiendrez
couvert de plantes d'ornement toute l'année, sans
interruption, sera gouverné par vous selon la somme
de loisir dont vous pouvez disposer. Si vous n'avez
à lui consacrer que quelques instants de temps à
autre, le marché aux fleurs vous offrira le moyen
de peupler convenablement votre plate-bande. Mais,
à l'exposition de l'ouest, où la végétation dans une
bonne terre est suffisamment active, il ne s'agit
plus d'acheter des plantes toutes faites : il faut les
faire vous-même, au moins en partie. Ainsi, pour
toutes les plantes annuelles qui supportent bien la
transplantation, n'achetez que du plant de semis,
assez fort quoique jeune ; transplantez ce plant
dans votre caisse plate-bande, arrosez-le souvent en
lui donnant peu d'eau à la fois, et vous aurez le
plaisir de le voir pousser et fleurir, sans lui donner
plus de temps que vous ne pouvez en avoir à lui
consacrer. C'est de cette manière que vous serez
approvisionnée tout l'été de Reines-Marguerites, de

Balsamines, de Tagètes, d'Œillets de poëte, de Coréopsis, de Zinnia élégant ; toutes ces jolies plantes,
développées sous vos yeux et par vos soins, vous
seront bien plus agréables que si vous les aviez
achetées près de fleurir.

Dans le cas où le temps dont vous disposez vous
permettrait de vous occuper un peu plus longue-
ment du jardinage sur vos fenêtres à l'ouest, n'a-
chetez que des graines de toutes les plantes que je
viens de vous indiquer, auxquelles vous pourrez
ajouter des Phlox de Drummond, des Clarkia, des
Shizantes, des Salpiglossis, des Eutoca. Il y en a des
centaines d'autres, dont vous trouverez la liste sur
les catalogues des marchands grainiers et des jar-
diniers-fleuristes de profession. Semez ces graines,
les unes en place, c'est-à-dire là où elles doivent
fleurir, les autres, en pépinière, c'est-à-dire dans
un coin de la caisse plate-bande, où elles vous
donneront du plant que vous transplanterez quand
il sera assez fort. Quand vous achetez des graines
chez un marchand, le petit paquet qu'il vous remet
pour votre argent contient par-dessus le marché
l'indication de l'époque à laquelle chaque graine
doit être semée, et, de plus, il vous dit si telle ou
telle graine peut ou ne peut pas être semée en
place : il n'y a pas à s'y tromper.

Parmi les plus jolies plantes dont vous pouvez orner, du printemps à l'automne, vos balcons à l'ouest, je vous recommande tout particulièrement la Pensée. C'est, parmi nos plantes vulgaires d'ornement, celle qui, depuis trente ans, a subi la plus complète transformation. On exige aujourd'hui d'une belle Pensée qu'elle soit parfaitement ronde, bien perpendiculaire sur sa tige, et marquée régulièrement de rayons de couleur très-foncée sur un fond très-clair, dans tous les sens à partir du centre. Celles qui remplissent ces indications ne se reproduisent jamais parfaitement semblables à elles-mêmes par le semis de leurs graines; mais, si vous ne semez que des graines de Pensées provenant de plantes de premier choix, vous pouvez être assuré d'obtenir à la floraison un très-beau mélange. Je dois ici vous prévenir d'une particularité de la végétation de la Pensée, qui, si elle ne vous était pas connue, vous surprendrait désagréablement. Lorsqu'on sème au printemps des graines de Pensée, les jeunes plantes nées de ces semis ne fleurissent jamais très-bien. Quelque soin que vous preniez de les bien arroser, les chaleurs de l'été leur font contracter la maladie du blanc, c'est-à-dire que le vert de leurs feuilles devient blanchâtre; en même temps, les tiges s'allongent, les fleurs diminuent de diamètre, elles se déforment, et deviennent méconnaissables. Il faut semer la graine de Pensée au mois d'août; les plantes fleurissent toutes avant la fin de l'automne : vous aurez, par conséquent, tout le loisir d'éliminer celles dont les fleurs ne vous sembleraient pas assez parfaites. Dans votre caisse plate-bande ou dans des pots où vous en transplanterez trois ou quatre pour former une belle touffe, vos Pensées passeront très-bien l'hiver; elles fleuriront de bonne heure au printemps, et, pourvu que vous ne les laissiez pas s'épuiser à porter graine, leur floraison se soutiendra tout l'été, parce que les plantes de deux ans auront une énergie vitale double de celle des plantes provenant de semis faits au printemps.

Sur les balcons à l'ouest, les Rosiers peuvent prendre place; donnez la préférence aux Rosiers du roi, du Bengale et de la Chine, parmi lesquels je vous recommande particulièrement le Rosier docteur Jamin, dont la Rose, d'un rouge nacarat très-foncé, douée d'une odeur de thé des plus délicates, est en outre d'une pureté de formes irréprochable. Achetez ces Rosiers jeunes et de petites dimensions : vous aurez le plaisir de les tailler, de les conduire, de les voir croître rapidement. Quand les pots seront devenus trop petits et qu'ils devront être rempotés, vous leur donnerez un mélange par parties égales de bonne terre de bruyère et de terre franche de jardin : c'est le genre de terre qui leur convient le mieux. A l'approche de l'hiver, vous rabattrez toutes les branches sur la souche, et vous laisserez les pots à l'air libre tant qu'il ne gèlera pas sérieusement ; surtout, pendant toute la saison des Roses, gardez-vous d'en laisser une seule porter fruit ; vous fatigueriez beaucoup les Rosiers, et vous compromettriez leur floraison pour l'année suivante.

La fenêtre au sud. — Tous les renseignements qui précèdent, quant au jardinage sur la fenêtre à l'ouest, peuvent être appliqués au jardin sur la fenêtre au midi. Là, le contact direct des rayons solaires peut compromettre sérieusement le succès de toutes vos opérations. En effet, quand les plantes et arbustes d'ornement sont plantés en pleine terre, quelle que soit l'élévation de la température extérieure, jamais leurs racines n'ont à supporter un excès de chaleur ; quand elles sont en pot ou en caisse sur un balcon, le soleil ardent frappe directement sur les parois des pots, et leurs racines sont exposées à une chaleur qu'elles ne peuvent pas supporter. Il est donc de toute nécessité de placer entre les pots et la balustrade du balcon une plan-

che sur champ ou un paillasson épais, qui puisse
ombrager non pas les plantes, mais les pots et les
caisses qui contiennent leurs racines. Si, sur un
balcon au midi, vous établissez une caisse plate-
bande, et que vous y plantiez à chaque bout un
Rosier greffé sur églantier à haute tige, je vous
engage à donner la préférence à un Rosier de la
série des Rosiers de l'île Bourbon, spécialement
Paul-Joseph, Madame Prévot et le Génie de Cha-
teaubriand. Au pied de ces Rosiers, qui ne re-
montent pas, c'est-à-dire qu'ils ne donnent qu'une
floraison par an, plantez deux ou trois pieds de
Pétunias blancs, roses et violets. Sans être grim-
pante, la tige des Pétunias est toujours disposée à
s'allonger tant qu'on lui donne un point d'appui;
étant rattachée à la tige d'un Rosier greffé, cette
plante, essentiellement remontante, fleurit sans interruption depuis le milieu de l'été jusqu'aux premières gelées. L'un des plaisirs que peut procurer
le jardinage sur la fenêtre au midi, c'est celui de
faire un peu de multiplication de boutures. Deux
séries de plantes d'ornement, très-variées et très-
recherchées, se prêtent avec une docilité parfaite à
ce mode de propagation : ce sont les Pélargoniums,
plus connus sous leur nom vulgaire de Géraniums,
et les Chrysanthèmes de la Chine. Ces deux genres

de boutures se font par le même procédé. Dans des pots de petites dimensions, pleins de terre de bruyère mêlée seulement d'un quart ou d'un cinquième de terreau, vous plantez des bouts de rameaux de Pélargonium ou de Chrysanthème, et vous en enfoncez la partie inférieure en terre, à la profondeur de 3 ou 4 centimètres. Par-dessus deux ou trois de ces boutures plantées dans le même pot, dont vous tenez la terre constamment humide par des arrosages modérés mais fréquents, vous posez un verre à boire renversé. Les plus communs, du prix de 10 à 15 centimes, sont très-bons pour cet usage. On peut aussi utiliser, pour la même destination, les beaux verres à pied, dont le support a été cassé par accident. Les bords de chaque verre doivent être enfoncés dans la terre à la profondeur d'un centimètre environ, afin d'exclure le plus complétement possible l'air extérieur. Tant que le rameau, mis en terre comme bouture, n'a pas fourni de jeunes racines, ne pouvant encore rien puiser dans le sol qui doit plus tard le nourrir et le faire croître, il périrait et ne s'enracinerait pas, s'il était exposé au contact de l'air, qui ne tarderait pas à le dessécher. Observez attentivement vos boutures, et, dès que vous reconnaîtrez qu'elles commencent à s'allonger et à donner de nouvelles

feuilles, soulevez les verres, que vous ôterez tout
à fait au bout de quelques jours; les boutures n'ont
plus besoin de ce genre de protection, elles sont enracinées; leur desséchement n'est plus à craindre.
Les boutures de Pélargonium doivent être faites
au printemps, à l'époque où l'on retranche les rameaux superflus des anciennes plantes, prêtes à
reprendre le cours de leur végétation annuelle. Les
boutures de Chrysanthèmes peuvent être faites depuis le printemps jusqu'à la fin de l'été; ces boutures s'enracinent facilement pendant tout cet intervalle, et les plantes qu'on en obtient se mettent
immédiatement à fleurir. Quand elles sont bien enracinées, on supprime la pousse terminale, on conserve les trois ou quatre jeunes pousses qui ne tardent pas à se montrer dans les aisselles des feuilles
du haut de la plante, et l'on retranche à mesure
qu'elles grandissent les pousses placées plus bas.
Chaque bouture, transplantée dans un pot séparé,
donne ainsi une plante d'une bonne forme, conduite sur trois ou quatre rameaux florifères, qui
tiennent très-bien leur place en automne sur le
balcon au midi, sans y causer d'encombrement.

Dans le cas où votre appartement aurait plusieurs fenêtres exposées au midi, l'une d'elles au
moins doit être garnie d'un treillage en arcade. Les

arbustes sarmenteux les plus élégants peuvent en
former l'entourage; vous avez le choix entre le
Jasmin blanc, la Bignone ou Jasmin de Virginie,
à grandes fleurs rouges, le Rosier Boursault, le Rosier Bougainville, la Glycine de la Chine, et toute
la série des autres arbustes florifères à tiges grimpantes ou sarmenteuses. Ces arbustes, d'un point
de vue général, ont tous, pour le jardin sur la fenêtre, le même inconvénient, celui de grandir trop
vite, et de devenir en deux ou trois ans beaucoup
trop grands, relativement à l'espace qu'il est possible de leur accorder. Mais il n'est ni difficile ni
dispendieux de les supprimer et de les remplacer
par de plus jeunes, alors qu'en vieillissant ils ont
pris trop de développement. La chose est d'autant
plus facile que, tous les ans, dans un coin de la
caisse plate-bande, on en peut faire des boutures
qui ne demandent pas mieux que de s'enraciner,
et qui se trouvent devenues de bonnes plantes,
toutes prêtes pour remplacer celles qui ont trop
grandi. Si vous avez un peu trop de ces boutures
de bonnes plantes grimpantes bien enracinées,
vous n'en serez jamais embarrassé; vous ne manquerez pas de voisins, amis et connaissances, à qui
vous pourrez en faire des générosités.

Sur les fenêtres au midi, si votre appartement

en a plusieurs, donnez place à deux groseilliers, l'un à fruit blanc, l'autre à fruit rouge; en les traitant comme je l'ai indiqué pour le Lilas élevé en caisse sur le balcon à l'est, vous aurez de charmants arbustes conduits en tête régulière sur une seule tige; ils vous donneront chacun tous les ans une assiette de groseilles, et, croyez-moi, jamais vous n'en aurez mangé de meilleures. Si vous ne craignez pas un léger surcroît de déboursés, demandez à un pépiniériste un beau pied de Groseillier cerise et un autre de Groseillier Gondouin; ce sont les variétés les plus belles et les meilleures. Je vous permets de n'en pas laisser mûrir les fruits, et d'en manger les groseilles grains à grains, à mesure qu'elles commenceront à changer de couleur, chaque fois que vous ouvrirez la fenêtre.

C'est aussi sur les balcons au midi que vous pouvez admettre les Myrtes, les Grenadiers, les Orangers et les Lauriers-Roses, qui végéteraient pauvrement aux autres expositions. Rappelez-vous cependant que vous ne pouvez admettre ces arbustes de prix dans le jardin sur la fenêtre qu'autant que, pour leur hivernage, vous disposez d'une cave saine et suffisamment éclairée, ou de tout autre local où la gelée ne pénètre pas; ils ne peuvent pas plus passer l'hiver à l'air libre que dans une chambre où l'on fait du feu, hors le cas de gelée très-rigoureuse. Parmi les Orangers, je vous engage à préférer à tout autre, pour orner un balcon au midi, le charmant Oranger nain à feuilles de Myrte, ou Oranger de la Chine; les autres, d'espèces plus développées, grandissent trop vite; ils ne tarderaient pas à devenir trop grands pour le jardin sur la fenêtre; après leur avoir donné vos soins pendant quelques années, vous auriez le chagrin de devoir vous en séparer. Ce déplaisir n'est pas à craindre en vous en tenant à l'Oranger nain de la Chine; il croît avec une sage lenteur et donne tous les ans, outre ses fleurs très-nombreuses, d'un admirable parfum, des fruits que vous pouvez confire au sucre et à l'eau-de-vie, et qui valent les meilleurs chinois de Marseille.

Quand vos Lauriers-Roses, à fleurs semi-doubles, auront donné quelque pousse superflue ou mal placée qui ne pourra être conservée, utilisez-la pour en faire une bouture. Mise en terre selon la méthode ordinaire, cette bouture s'enracinerait difficilement. Plongez-la dans une bouteille pleine d'eau, que vous placerez sur le balcon au midi; elle ne tardera pas à émettre dans l'eau de minces racines blanches fibreuses. Dès qu'elle en sera suffisamment pourvue, retirez-la de l'eau; plantez-la dans de la terre de bruyère que vous tiendrez très-fraîche pendant une quinzaine de jours, en l'arrosant trois ou quatre fois par jour, et vous aurez un beau jeune Laurier-Rose qui, l'année suivante, fleurira avec profusion.

Nous ne sommes pas encore sortis du peu de jardinage possible sur l'appui d'une fenêtre à diverses expositions; et combien de plaisir ce jardinage si limité ne peut-il pas vous offrir, si vous aimez les fleurs! Car, pour réussir à bien élever de belles plantes, c'est absolument comme pour bien faire l'éducation des enfants : il faut les aimer sincèrement, cordialement, ou ne pas s'en mêler.

CHAPITRE III

La terrasse convertie en jardin. — Au nord. — Au sud. — A l'est. — A l'ouest. — Treillage. — Vases. — Caisses servant de plate-bande. Vigne. — Arbustes sarmenteux. — Plantes d'ornement de pleine terre.

Le grand balcon. — A Paris et dans toutes les grandes villes, il y a des gens qui déménagent tous les trois mois. Ceux qui ne sont pas d'humeur aussi changeante déménagent néanmoins à des intervalles assez rapprochés, à moins que leurs affaires ne les obligent à rester dans un quartier dont il ne leur est pas possible de s'éloigner. Il peut donc vous arriver, après que vous aurez occupé longtemps des logements où vous n'aurez pu faire que très-peu de jardinage, sur l'étroit appui d'une fenêtre ordinaire, de pouvoir occuper un de ces appartements comme il s'en rencontre sur les boulevards, dans les quartiers neufs, et sur les quais au sud de l'île Saint-Louis à Paris, où un large et spa-

cieux balcon agrandit singulièrement l'espace que
vous pouvez consacrer au jardinage. Si même le
genre de vie que vous menez, la place que vous
tenez dans la société, vous permettent de vous éga-
rer dans ces quartiers qui étaient hier la campagne
et qui sont Paris aujourd'hui, vous pourrez avoir
une belle terrasse, où vous jardinerez tout à votre
aise. Ce sont ces deux suppositions que nous allons
examiner ensemble, au point de vue de l'horticulture.

J'admets, pour éviter les répétitions, que le balcon-terrasse est à l'exposition du sud, du sud-est
ou du sud-ouest. Vous savez déjà, par les explica-
tions contenues dans les chapitres précédents, presque tout ce que vous pouvez y faire de jardinage;
il ne s'agit pour moi que de compléter les données
que j'ai à vous communiquer à ce sujet. N'encombrez pas votre balcon de caisses et de pots en trop
grand nombre : la vue qu'on découvre du balcon
de l'étage supérieur d'une maison moderne est ordinairement assez agréable pour qu'il soit à propos
de ménager, de distance en distance, des espaces
libres, qui vous permettent de vous approcher sans
obstacle de la balustrade.

Arbustes sarmenteux. — Donnez d'abord votre
attention aux deux extrémités du balcon. Là, dans

des caisses suffisamment spacieuses, plantez à un bout une Glycine de la Chine, à l'autre bout un Jasmin de Virginie. En choisissant des sujets déjà forts sans être trop vieux, vous en obtiendrez, dès la première année, de longues tiges sarmenteuses que vous entrelacerez en les conduisant sur plusieurs lignes parallèles entre elles, dans les barreaux de la balustrade du balcon. La présence de ces plantes sarmenteuses, indépendamment de leur effet ornemental, aura l'avantage de garnir la balustrade d'un feuillage abondant, assez épais pour empêcher les rayons solaires de tomber directement sur les parois des pots, d'en échauffer la terre avec excès, et de cuire les racines de vos plantes d'ornement les plus délicates. Si la largeur du balcon-terrasse le permet, placez dans l'angle le plus près du mur une seconde caisse où vous planterez d'un côté un Buddleya, de l'autre un Clianthus puniceus. Vous ne connaissez pas ces deux arbustes? Tant mieux! Vous aurez le plaisir de faire leur connaissance. Le Buddleya, bien arrosé, vous donnera une gerbe immense de longues tiges minces, dont chacune se terminera par un épi de jolies fleurs d'un violet foncé, retombant gracieusement de manière à ombrager parfaitement assez d'espace pour que vous puissiez vous

asseoir sous son ombrage sans avoir rien à craindre du soleil d'été. Le Clianthus puniceus vous
rendra le même genre de service sous la touffe élégante de son feuillage étoilé de fleurs nombreuses,
du rouge écarlate le plus vif. Je regrette de ne pouvoir vous dire les noms vulgaires de ces deux arbustes, cela m'est impossible : ils n'en ont pas.
Mais leur prix n'a rien d'exagéré, et tous les jar-
niers-fleuristes de profession peuvent vous les fournir. Ils ne doivent être rentrés que pendant les
fortes gelées; les tiges, retranchées après qu'elles
ont fleuri, repoussent rapidement, avec une étonnante vigueur.

Les plantes annuelles ou vivaces d'ornement de
chaque saison, les Rosiers, les arbustes d'orangerie, peuvent et doivent prendre leur place sur toute
la longueur du grand balcon. Vous pouvez en outre
vous permettre, dans les caisses plates-bandes, où
vous avez assez d'espace disponible, la culture de
quelques plantes de collection, ce qui vous donnera, pendant une partie de la belle saison, des
occupations aussi variées qu'agréables. On nomme
en horticulture plantes de collection celles qui,
dans une même espèce, contiennent un assez grand
nombre de variétés distinctes pour qu'on en puisse
composer toute une collection. Les Renoncules, les

Anémones, les Tulipes, les Jacinthes et les Œillets sont au nombre des plantes de collection dont vous pouvez, bien entendu dans des limites restreintes, vous passer la fantaisie sur le balcon-terrasse.

Les Renoncules. — Pour commencer cette culture, achetez chez un marchand fleuriste une vingtaine seulement de griffes de Renoncules bien assorties, moitié dans les couleurs claires, moitié dans les nuances foncées. Quoique semi-doubles et même presque doubles, les fleurs des Renoncules donnent toujours des graines fertiles. En plantant vingt griffes à 6 ou 8 centimètres les unes des autres, elles n'occuperont pas un espace trop considérable dans la caisse plate-bande. A mesure que les fleurs se flétriront, supprimez-les, à l'exception de celle du centre de chaque plante : celle-là, vous la laisserez sur sa tige jusqu'à ce qu'elle soit tout à fait desséchée; ne réservez comme porte-graines que trois ou quatre des plus belles Renoncules claires et autant de Renoncules foncées. Les sous-variétés de Renoncules semi-doubles de collection ne sont pas persistantes; le semis des graines ne reproduit pas toujours la fleur de la plante mère; mais, de même que pour les Pensées, le semis des graines récoltées sur de belles plantes ne peut manquer de donner pour résultat un très-beau mélange.

Procurez-vous, pour semer les graines de Renoncule aussitôt qu'elles auront atteint leur complète maturité, des bouses de vache que vous laisserez se dessécher entièrement à l'air libre, afin de pouvoir les réduire en poudre grossière. Emplissez de cette poudre, légèrement tassée, une terrine très-évasée. Répandez la graine de Renoncule à la surface de cette poudre, dont vous aurez réservé une petite portion pour la recouvrir légèrement; car elle doit être très-peu enterrée. Cela fait, arrosez modérément le contenu de la terrine, en vous servant d'un arrosoir percé de trous très-fins, et répétez le même mode d'arrosage plusieurs fois par jour, tant que la graine de Renoncule n'aura pas levé. A partir de la naissance des jeunes Renoncules, vous continuerez à les arroser une fois par jour seulement, pendant vingt-cinq à trente jours. Vous laisserez alors le contenu de la terrine se dessécher complétement; vous le passerez à travers un tamis de fil de fer; les jeunes griffes, qui n'auront chacune que deux ou trois doigts, resteront seules sur le tamis. Si vos semis ont réussi et que vous ayez une bonne provision de jeunes griffes, consacrez-leur à elles seules une de vos caisses plates-

bandes ; vous les planterez en lignes, à 5 centimètres les unes des autres ; elles grossiront très-
vite et fleuriront immédiatement. A leur première
floraison, il ne faut pas leur laisser porter graine.
Vous pouvez, quand elles auront fleuri et que leurs
feuilles commenceront à jaunir, les arracher, les
laisser se bien ressuyer à l'air libre, les enfermer
dans un tiroir, et les y conserver sans les mettre
en terre l'année suivante. Les griffes de deux ans,
que les jardiniers nomment griffes reposées, fleurissent mieux que celles qu'on plante tous les ans ;
vous pouvez, en renouvelant tous les ans vos semis
de graines de Renoncule, en avoir assez pour en
laisser reposer la moitié tous les ans. Vos Renoncules ainsi traitées vous donneront dans la caisse
plate-bande de votre balcon une floraison prolongée
tellement brillante, qu'elle fera l'admiration de tous
vos visiteurs, quand même ils seraient totalement
étrangers à l'horticulture. Après la floraison de vos
Renoncules, quand vous aurez récolté les graines
dont vous pouvez avoir besoin, vous cesserez pendant quelques jours de les arroser, vous léverez de
terre les griffes, et la caisse qu'elles occupaient
sera disponible pour recevoir d'autres plantes d'ornement.

Les Anémones, plantes actuellement passées de

mode, sans avoir rien perdu de leur mérite réel, peuvent fleurir sur le balcon-terrasse en appliquant à leur multiplication et à leur culture les procédés qui viennent d'être décrits pour la culture des Renoncules.

Les Jacinthes. — Parmi les fleurs de collection, les Jacinthes se recommandent par leur précocité et leur parfum. Il ne faut pas penser à en semer la graine pour les multiplier; le plant de Jacinthes de semis ne fleurit qu'au bout d'un grand nombre d'années, et sur cent plantes à peine s'en rencontre-t-il deux ou trois dont la floraison soit assez parfaite pour qu'elles soient dignes de prendre place dans une belle collection. Chaque oignon de Jacinthe ayant atteint tout son volume donne tous les ans un assez grand nombre de *caïeux* ou jeunes oignons, dont il est facile de séparer les mieux formés; on les élève en pépinière pendant quelques années. A chaque printemps, le nombre et la perfection des fleurs augmente, de sorte qu'on peut toujours être pourvu d'une quantité plus que suffisante de jeunes oignons vigoureux, prêts à remplacer ceux qui meurent par épuisement ou par maladie. On peut, à peu près avec le même résultat, planter les oignons de Jacinthe, soit au printemps, soit en automne; ce dernier parti est préférable quand la caisse est placée sur un balcon au plein midi. Il suffit, pour préserver les oignons de la gelée, de les couvrir avec de la paille sèche qu'on enlèvera dès les premiers beaux jours du printemps. On se gardera bien de les couvrir de crottin de cheval, comme le font beaucoup d'amateurs peu éclairés, surtout quand il y a dans la maison qu'ils habitent une écurie et des chevaux. Toutes les plantes d'ornement provenant d'un oignon craignent le contact du crottin comme de toute espèce de fumier, qui leur fait promptement contracter la pourriture. Si ces plantes doivent être préservées du froid pendant l'hivernage, ce doit être uniquement avec de la paille, sans mélange de fumier. Pour former un beau groupe de Jacinthes dans la caisse plate-bande d'un balcon-terrasse, on doit les assortir par couleurs, par exemple, quatre blanches, quatre bleu foncé, quatre rouges, deux rose pâle et deux beurre frais. Les oignons doivent être plantés à un décimètre les uns des autres; quand on a coupé les fleurs flétries et que les feuilles commencent à jaunir, il est temps de lever de terre les oignons, dont on sépare les caïeux avant de les renfermer pour les conserver dans un lieu sec. Le parfum d'une belle touffe de Jacinthe aux couleurs vives, aux formes élégantes, est d'autant plus agréable à respirer qu'il précède celui de toutes les autres fleurs; bien qu'il soit assez pénétrant, il ne porte pas à la tête, et l'on peut, sans inconvénient, le laisser entrer dans l'appartement en tenant ouvertes pendant le jour les portes-fenêtres qui donnent de plain-pied sur le balcon-terrasse.

Les Tulipes. — Bien qu'il ne puisse entrer dans le plan de cet ouvrage de vous faire, à propos de jardin sur le balcon-terrasse, tout un cours d'histoire et de culture de la Tulipe, je ne puis cependant me dispenser de vous faire observer que la Tulipe a tenu longtemps en France le premier rang parmi les fleurs de collection, rang qu'elle occupe encore avec honneur en Hollande, en Angleterre et dans quelques parties de l'Allemagne. Ayez donc quelques Tulipes, les unes à fond jaune, les autres à fond blanc, en vous contentant de celles qu'on peut se procurer sans y consacrer des sommes extravagantes; soignez-les comme vos Jacinthes, et vous en aurez dans vos caisses plates-bandes un fort joli groupe, facile à maintenir au complet par la culture séparée de ses caïeux. Les oignons de Tulipe doivent toujours être plantés en octobre; ils ne craignent pas le froid et n'ont besoin d'aucune protection pour passer l'hiver. Les feuilles en forme de cornet émises au printemps par les oignons de

Tulipe seront la première végétation nouvelle qui, dès les premiers jours de temps supportable, vers la fin de février, vous annoncera le prochain retour de la vie végétale dans les caisses plates-bandes du jardin sur le balcon-terrasse.

Les Œillets. — À moins que vous n'ayez habité la Belgique ou l'un des départements du nord de la France, pays où l'on aime les Œillets comme les Hollandais aiment les Tulipes, vous ne pouvez vous figurer à quel degré de perfection une culture intelligente peut amener cette charmante fleur, également recommandable par la grâce de sa forme, l'éclat de son coloris et la délicatesse de son parfum. Je ne puis pas plus vous initier aux secrets de cette culture, d'ailleurs pleine d'attrait, que je ne puis avoir la prétention de vous rendre amateur éclairé et fin connaisseur en fait de Tulipes. Je vous dirai seulement que les Œillets se partagent en deux divisions distinctes, dont la première comprend seulement l'Œillet flamand, le seul admis dans les collections des véritables amateurs, et dont la seconde est formée de tous les autres Œillets, sous la dénomination générale d'Œillets de jardin. Parmi ces derniers, je vous recommande l'Œillet blanc pur, le rouge foncé, ou Œillet à ratafia, le rose pâle panaché de rouge foncé, connu et très-estimé à Paris sous le nom d'Œillet Joseph, et le gracieux Œillet de Condé, couleur jaune nankin, bordé de rouge. Aucun de ces Œillets ne doit être multiplié par le semis de ses graines : le plant qu'on en obtiendrait ne fleurirait que très-tard, la plupart des fleurs seraient simples, et celles qui seraient doubles n'auraient aucune supériorité sur les plantes mères. Les boutures réussissent quelquefois; mais le seul mode de multiplication réellement adapté à la nature de l'Œillet, c'est le marcottage.

Comme il est possible que vous ayez le goût du jardinage sur la fenêtre, et que vous ne sachiez pas ce que c'est qu'une marcotte, je vais vous le dire. C'est une branche d'une plante quelconque, dans laquelle on pratique une incision, à la moitié environ de son épaisseur, et qu'on enterre sans la détacher de sa tige, en laissant son extrémité hors de terre. Les Œillets de jardin sont d'autant mieux appropriés à ce mode de propagation, qu'ils donnent tous les ans un certain nombre de pousses tout au bas de la plante, près du collet de la racine. Chacune de ces pousses qui doit devenir une tige florifère pour l'année suivante, étant marcottée de la manière que je viens de vous indiquer, émet des racines à l'endroit où elle a été incisée. Au printemps, on peut séparer les marcottes de la plante mère et les mettre en

4.

pots isolément; elles y fleuriront abondamment dès la première année; elles fourniront en automne un bon nombre de pousses annuelles propres à devenir d'excellentes marcottes à leur tour. Pour peu que vos caisses plates-bandes soient spacieuses, ne craignez pas d'y multiplier les touffes d'Œillets de jardin; aucune autre fleur ne vous donnera plus d'agrément; aucune, sans en excepter la Rose elle-même, ne sera mieux accueillie des visiteurs à qui vous vous ferez un plaisir d'offrir quelques Œillets, sacrifice qui vous coûtera peu si vous en êtes amplement pourvue durant toute la saison.

La terrasse. — Que de maisons de campagne sont devenues des maisons de ville, parce que la ville est venue les rejoindre! Rien n'est plus fréquent dans les environs de Paris que ces maisons où l'architecte avait ménagé un belvédère et une terrasse afin de profiter de l'aspect des campagnes environnantes; il n'y a plus de campagne, et de la terrasse comme du belvédère on ne découvre plus que des pans de murailles, à perte de vue, de vrais horizons de moellons. Cela n'empêche pas qu'une terrasse dans ces conditions, pourvu qu'elle reçoive à peu près sa part d'air et de soleil, ne soit très-convenable pour faire du jardinage analogue à celui qu'on peut se permettre sur le balcon.

Il est à peu près indispensable de couvrir la terrasse d'un toit en treillage à claire-voie, à quatre pans, entouré d'arcades élégantes ayant leur point d'appui sur la balustrade dont le tour extérieur de la terrasse doit être environné. Les formes de ce treillage peuvent varier selon les goûts ; mais elles doivent dans tous les cas être disposées de sorte qu'il soit toujours possible de couvrir le treillage de plantes et arbustes à tiges sarmenteuses, qui convertissent la terrasse en un charmant cabinet de verdure, garni de fleurs durant toute la belle saison.

Les fruits sur la terrasse. — Quand la terrasse est suffisamment bien exposée, elle peut admettre deux ou trois Pommiers de Reinette du Canada et de Calville blanc à côte, greffés sur Paradis, arbres tout à fait nains, qui ne prennent jamais de trop fortes dimensions, et qui se comportent fort bien dans une caisse, sur une terrasse bien aérée Chacun de ces arbres peut donner par an sa demi-douzaine de fruits ; ce sont deux assiettes de dessert d'un mérite sans égal pour celui qui a eu le plaisir de voir naître et grossir ces beaux fruits, avant de goûter la satisfaction de les cueillir.

Les Pommes récoltées sur vos Pommiers nains en caisse ne sont pas les seuls fruits que vous puissiez obtenir sur la terrasse convertie en jardin. Quand l'espace vous le permet, consacrez quelques-unes de vos caisses à des Pruniers et Cerisiers nains, qui s'y comporteront parfaitement. Je vous recommande comme les mieux appropriés à ce genre de culture les pruniers nains de Reine-Claude et de Mirabelle, et les Cerisiers nains anglais, la Belle de Choisy et la Belle Audigeoise; ce sont les Cerisiers que je vous conseille de demander au pépiniériste, en ayant soin de vous assurer que ceux qu'on vous vendra auront été élevés en pot depuis un an ou deux pour le moins, sans quoi ils languiraient et ne produiraient presque rien.

Il ne faut pas non plus oublier la Vigne, qui, à une exposition peu favorable, vous donnera toujours du Verjus, qu'il ne tiendra qu'à vous de nommer Raisin. A une bonne exposition, elle vous donnera d'excellent Chasselas, et le plaisir de faire vendange sans sortir de chez vous ne sera pas un des moindres de ceux que le jardinage sur la terrasse peut vous procurer. Votre vendange peut s'élever à plusieurs paniers d'excellent Chasselas, si M. le propriétaire est d'assez bonne composition pour vous permettre de garnir d'un treillage, sur lequel vous conduirez vos ceps de Vigne cultivés en pots, la partie du mur de sa maison qui surmonte la porte-fenêtre ouvrant sur votre terrasse-jardin. S'il n'y consent pas, il ne peut du moins s'opposer à ce que trois ou quatre ceps de Vigne étendent leurs cordons horizontaux sur les côtés les mieux exposés du treillage qui recouvre votre terrasse. Chaque cep, si vous en avez soin, c'est-à-dire si vous suivez les indications faciles à observer que vous donnera le pépiniériste en vous le vendant, peut donner, année moyenne, six belles grappes de Raisin; ce sont donc vingt-quatre grappes sur lesquelles vous pouvez compter; c'est une vendange qui n'est nullement à dédaigner. Ne prenez pas exclusivement du Chasselas de Fontainebleau, bien que ce soit assurément celui de tous les Raisins de table qui réunit le plus de qualités; ayez au moins un cep de Frankenthal, Raisin d'un beau noir bleu, à gros grains, qui, même dans les années où la température est le moins favorable à la maturité du fruit de la Vigne, mûrit toujours assez pour être très-mangeable.

Gardez-vous de mêler à la terre des pots où végètent vos ceps de Vigne, ni fumier, ni crottin de cheval; donnez-leur chaque année un peu de terreau que vous mêlerez à l'aide de la truelle avec la terre de la surface des pots, et ne leur donnez pas d'autre engrais, si ce n'est celui de leurs propres sarments. Pour le dire en passant, la Vigne, comme tous les végétaux pourvus d'un ample feuillage, vit beaucoup plus aux dépens de l'air décomposé par ses feuilles qu'aux dépens de la terre dans laquelle sont plongées ses racines. Quand la Vigne a fleuri, il faut la tailler, c'est-à-dire, retrancher la partie de chaque sarment placée au-dessus du fruit, sans quoi le raisin coulerait, selon l'expression reçue; ses grains ne pourraient se former et prendre le volume normal propre à leur espèce. Les quatre ceps dont je suppose que vous avez garni le treillage de votre terrasse donneront, par cette taille d'été, un bon nombre de sarments verts chargés de feuilles ; hachez le tout grossièrement ; faites-en autant de parts égales que vous avez de ceps de Vigne en pots ; enlevez du dessus de chaque pot 4 à 5 centimètres de terre ; remplacez-la par les sarments hachés, que vous foulerez fortement et par-dessus lesquels vous remettrez la terre, en forme de butte, au pied du cep. En peu de semaines, les sarments, que vous aurez soin d'arroser modérément plusieurs fois par jour, fondront en terre, de sorte que les pots finiront par ne pas se trouver plus remplis qu'ils ne l'étaient avant d'avoir reçu cette sorte d'engrais végétal, le meilleur de tous pour la vigne, en ce qu'il ne peut porter aucune atteinte à la délicatesse du Raisin.

N'est-il pas charmant de récolter, sur une terrasse de quelques mètres carrés de superficie, des Pommes, des Prunes, des Cerises, et, par-dessus tout, du Raisin, moins abondant, il est vrai, mais de tout aussi bonne qualité que s'il avait été cueilli à Thomery, ou sur la treille si justement renommée de Fontainebleau? La Vigne vous donnera à elle seule beaucoup d'occupation : après la taille d'été, quand le Raisin aura la grosseur d'un pois, vous vous armerez d'une paire de ciseaux pointus, et vous supprimerez environ un grain sur trois. Ceux qui resteront, étant mieux espacés, deviendront plus gros, et leur maturité sera mieux assurée.. Plus tard, dans les premiers jours de septembre, vous épamprerez vos Vignes, c'est-à-dire que vous retrancherez les feuilles placées de manière à empêcher les grappes de recevoir directement les rayons du soleil qui doit les colorer. Tous ces soins rendront bien meilleur pour vous le peu de Raisin parfait que vous récolterez et dont la perfection sera incontestablement votre ouvrage.

Il y a encore un autre fruit qui peut et doit mûrir tout l'été dans les caisses plates-bandes de votre terrasse, sans toutefois usurper l'espace qui appartient de droit aux végétaux d'ornement; ce fruit, c'est la Fraise. Il existe une multitude d'espèces de Fraisiers, tous recommandables à divers titres :

pour la culture sur la terrasse, après le Fraisier des Alpes remontant, auquel le premier rang ne peut être disputé, je n'en connais pas de plus avan-

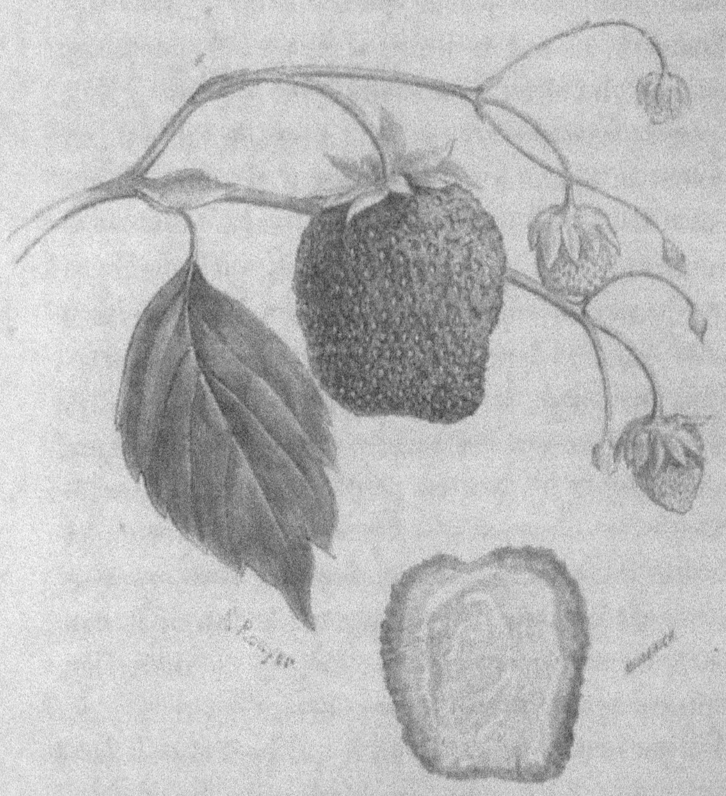

Grav. 11 — Fraisier Prince Impérial.

tageux que le Fraisier Prince Impérial, dont la gravure 11 représente le fruit entier et coupé en deux dans le sens de sa longueur. La Fraise Prince

Impérial donne deux genres de fruits distincts : les premiers qui se montrent ont exactement la forme que représente la gravure 11 ; leur chair est rouge, d'un goût relevé ; leur parfum est semblable à celui de la petite Fraise des bois ; celles qui leur succèdent sont arrondies ou allongées ; elles n'ont plus la forme distinctive de leur espèce, et n'ont pas plus de la moitié du volume des premières ; mais, quant à la qualité, elles ne leur cèdent sous aucun rapport.

Plantes d'ornement nouvelles pour la terrasse-jardin. — Avant de clore ce chapitre, j'appelle votre attention sur quelques plantes d'ornement nouvelles ou peu répandues, qui peuvent prendre place sur le balcon ou sur la terrasse à côté de celles que tout le monde connaît. Comme première floraison de printemps, il vous faut deux ou trois pieds de Diclytra spectabilis de la Chine, charmante plante aux formes d'une bizarrerie gracieuse, aux fleurs d'un rose d'une délicatesse extrême, et d'une physionomie qui sent son origine et ne ressemble à aucune plante de nos climats ; elle est d'ailleurs tout aussi rustique que la Fumeterre sauvage de nos champs et la Fumeterre bulbeuse de nos jardins, deux plantes dont la Diclytra spectabilis est botaniquement la proche parente.

Pour l'été, procurez-vous quelques touffes d'une
jolie plante de la Californie, aujourd'hui commune

Grav. 12 — Eucharydium grandiflorum.

et à bas prix ; vous en pourrez récolter la graine,
que vous sèmerez en septembre pour en obtenir du

plant qui passera bien l'hiver sans protection à l'air libre, et qui fleurira abondamment l'année suivante. On n'a pas encore donné de nom vulgaire à la plante dont je vous parle; les botanistes la nomment Eucharydium grandiflorum (grav. 12). Dans

Grav. 13. — Diplacus cardinalis.

les angles les plus ombragés, où beaucoup d'autres plantes d'ornement fleuriraient mal, plantez des Diplacus, à qui l'ombre ne porte aucun préjudice; le Diplacus cardinalis (grav. 13) et le Diplacus

Grav. 14. — Diplacus grandiflorus.

Grav. 15. — Gaura Lindheimeri.

Grav. 46. — Lobelia porphyrantha.

grandiflorus (grav. 14) y seront parfaitement à leur place. Pour la fin de l'été, ajoutez aux plantes de votre connaissance et à celles que je vous ai précédemment indiquées une Gaura, dont la plus belle espèce est la Gaura Lindheimeri (grav. 15), et une Lobelia à fleur rouge, dont la plus éclatante est le Lobelia porphyrantha (grav. 16).

La physionomie originale de ces plantes, contrastant avec celle des Pensées, des Giroflées, des Reine-Marguerites, des Balsamines, des Coréopsis et des Œillets d'Inde, qu'on rencontre partout, donnera au parterre de votre terrasse-jardin un aspect distingué ; et, comme il est probable que, parmi vos visiteurs, la plupart ne connaîtront pas même de nom ces jolies fleurs étrangères, toutes rustiques et d'une culture des plus faciles, vous pourrez vous faire honneur de votre savoir en botanique horticole, en les présentant aux dames de votre société ; ce sera pour vous un plaisir de plus.

CHAPITRE IV

Tracé et bordures. — On ne se doute guère,
dans le public, de tout ce qu'on peut faire de jardinage à la fois agréable et utile dans les petits jardins qui subsistent encore à l'intérieur des grandes
villes, même quand ces jardins, selon l'expression
de Talma, sentent le renfermé. Ce n'est pas sans
dessein que je me sers de l'expression de jardinage
utile, non pas que je prétende vous enseigner à
faire croître sur quelques mètres carrés de jardin
assez de fruits et de légumes pour approvisionner
votre ménage, fût-ce un ménage de garçon ; mais
parce que, comme exercice hygiénique, comme
moyen de forcer, pour ainsi dire, l'individu le

plus sédentaire à se remuer et à prendre l'air, la culture d'un très-petit jardin offre d'inappréciables avantages.

Le dessin d'un petit jardin est complétement arbitraire; évitez la faute trop commune d'y multiplier inutilement les allées, qui ne doivent et ne peuvent être que d'étroits sentiers; ménagez l'espace, vous en aurez toujours trop peu. Une fois le tracé arrêté, améliorez à fond le terrain avec du fumier et du terreau, faites provision de terre de bruyère, et occupez-vous en premier lieu des bordures. Ne plantez pas autour des compartiments de votre petit jardin ces affreuses bordures de buis nain, qui sont cependant d'un usage général à Paris et aux environs. Ces bordures sont tristes, d'un vert sombre; elles sentent mauvais; elles sont le refuge et le domicile habituel des limaçons et des limaces, qui s'y multiplient sans obstacle; elles ne compensent tous ces défauts que par la solidité et la durée. Pour les très-petits jardins, ces avantages ressemblent à des inconvénients; il vaut beaucoup mieux planter en bordure des Œillets mignardises couronnés, du Thym, et plusieurs jolies plantes du genre Oxalis, dont l'Oxalis de Deppe est l'espèce la plus rustique et la plus agréable comme bordure. Si l'espace disponible vous permet de remplir un compartiment de terre de bruyère pure, afin d'y cultiver les plantes et arbustes à qui cette nature de terre convient exclusivement, vous pourrez lui donner pour bordure une ligne d'Oxalis de Bowie, espèce à floraison plus riche que la précédente, mais qui ne peut passer l'hiver à l'air libre sous le climat moyen de la France. On doit en retirer de terre les racines tuberculeuses à l'entrée de l'hiver, et les conserver à l'abri des gelées pour les replanter au printemps. L'Oxalis de Bowie (grav. 17) donne une floraison continuellement renouvelée et très-abondante, depuis le milieu de juillet jusqu'à la fin de l'automne.

Si, pour soutenir le terrain, vous adoptez des bordures de Thym, qui ne fleurissent pour ainsi dire pas, ou des bordures d'Œillets mignardises, qui ne fleurissent qu'une semaine ou deux, vous pouvez, après la floraison des Œillets, semer en seconde ligne une graine de plante annuelle très-florifère, la Julienne de Mahon, par exemple, qui, si vous coupez les tiges au niveau du sol, après une première floraison, sans lui laisser le temps de s'épuiser à porter graine, remontera immédiatement et vous donnera une seconde floraison aussi belle que la première. Les bordures fleuries, pourvu qu'on ne les fasse pas trop larges, produisent un effet si agréable, qu'il

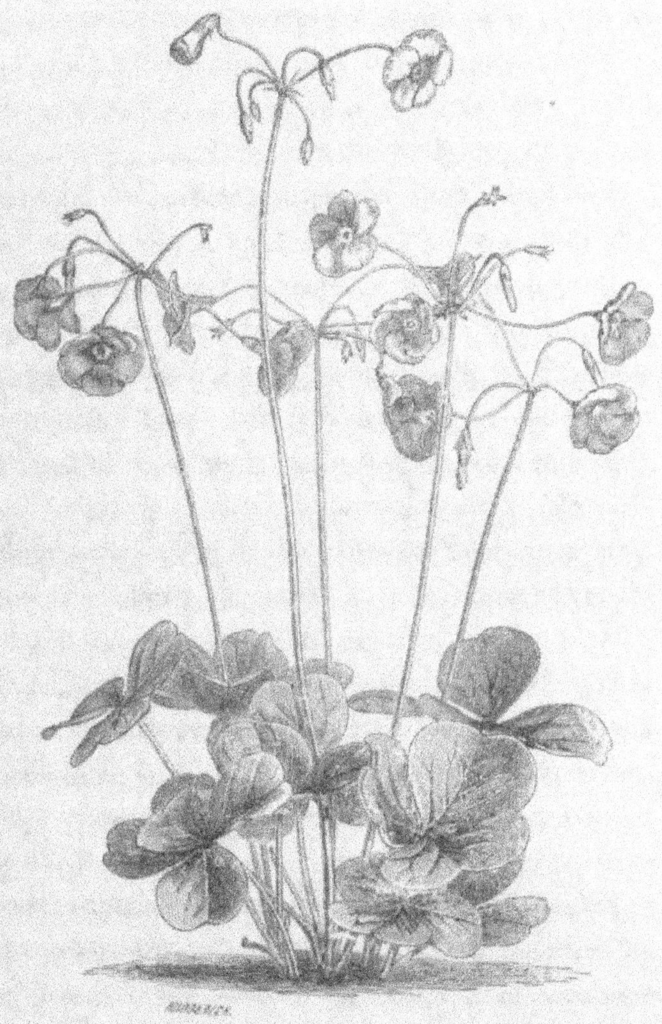

Grav. 17. — Oxalis de Bowic.

n'y a jamais lieu de regretter l'espace qu'on leur accorde, même dans les très-petits jardins.

J'envisagerai le parti qu'on peut tirer d'un petit jardin, au double point de vue des fleurs et des fruits, en commençant par les fruits.

Les fruits dans les petits jardins. — Il ne faut pas croire que je vous engage à retrancher à la culture des plantes et arbustes d'ornement toute ou presque toute la superficie de votre jardin en miniature; la plus grande partie d'un petit jardin appartient sans contredit aux fleurs avant tout. Cependant un petit jardin est entouré de deux ou trois côtés, assez souvent des quatre côtés, de constructions dont les murs élevés peuvent, au moins en grande partie, être garnis de treillage et couverts d'arbres fruitiers en espalier, au sud des Pêchers et des Abricotiers, aux autres expositions des Poiriers et des Pommiers, qui seront pour vous une source de plaisirs durables, quand même vous ne pourriez en avoir qu'un de chaque espèce; j'espère vous prouver que vous pouvez en avoir plusieurs.

En espalier, vous ne devez planter que des arbres en cordons. Ces arbres, que les pépiniéristes vous vendront tout préparés, de sorte que vous n'aurez qu'à les continuer sous la forme où ils sont au moment où vous les achetez, peuvent être plantés à

45 ou 50 centimètres les uns des autres, s'ils sont
en cordons verticaux, et à 2 mètres de distance

Grav. 18. — Poirier sur un cordon vertical.

entre eux, s'ils sont en cordons horizontaux. La
gravure 18 représente un Poirier sur cordon vertical. On comprend que des arbres semblables ne

peuvent se nuire mutuellement par un voisinage très-rapproché.

Vous vous demanderez peut-être par quel procédé on a pu arriver à produire des arbres semblables, qui consistent uniquement en une tige verticale garnie de productions fruitières, sans branches latérales? Le moyen est des plus simples. L'arbre, greffé sur coignassier, selon la méthode ordinaire, a été dressé sur une seule tige dont on a supprimé toutes les pousses latérales à mesure qu'elles se sont produites. Quand l'arbre a atteint la hauteur désirée, on commence à le soumettre à la taille des racines. Tous les ans, le pied de l'arbre est déchaussé; les racines qui s'étendent dans toutes les directions sont coupées à un décimètre seulement de leur collet. Il va sans dire qu'un solide tuteur est donné à chacun de ces arbres, que le moindre choc, le plus léger coup de vent, ne pourrait manquer de renverser, tant qu'ils n'ont pas pris tout leur accroissement et qu'ils ne sont pas palissés le long du mur. Comment vivent-ils en cet état? Par le chevelu très-abondant qui se développe autour de leurs tronçons de racines; ils cessent de croître en hauteur comme en largeur, et ne donnent du haut en bas que des boutons à fruits. Ainsi des arbres en espalier, en cordons verticaux, peuvent être réunis en assez grand nombre sur un mur de très-peu d'étendue. Vous y trouverez l'avantage de récolter une riche variété de Poires et de Pommes, là où un seul Poirier ou Pommier, conduit selon la méthode ordinaire, aurait occupé tout l'espace disponible, et n'aurait pu vous donner qu'une seule espèce de fruits.

Les Poiriers et Pommiers en cordons horizontaux, pouvant être tenus très-près de terre, sont tout à fait à leur place au-dessous des appuis des fenêtres donnant sur le jardin; ils y donnent, sur leurs deux bras divergents, les plus beaux fruits possibles de chaque espèce, en plus grande quantité que sous toute autre forme, eu égard à leurs dimensions. Les arbres en cordons horizontaux, conservant toutes leurs racines une fois qu'ils sont mis en place dans un bon terrain, n'ont plus besoin d'aucun soin particulier. Les arbres en cordons verticaux, au contraire, ne pouvant aller au loin chercher leur nourriture par leurs racines, ont absolument besoin qu'on la leur apporte. Une fois au moins par semaine, tant que dure la saison de la végétation, on doit les arroser avec du crottin de chèvre ou de mouton délayé dans de l'eau, ou avec de la bouse de vache réduite en brouet clair. Grâce à ce supplément de nourriture, les Poiriers et les Pommiers en cordon vertical restent longtemps productifs; à mesure qu'ils sont épuisés, on les remplace par d'autres tout préparés sous la même forme, et qui sont en plein rapport dès l'année qui suit celle de leur plantation.

S'agit-il d'un mur à l'exposition du sud, du sud-est ou du sud-ouest, pouvant recevoir des Pêchers en espalier, c'est encore à la forme en cordons qu'il faut recourir. Mais le mode particulier de végétation du Pêcher, dont la séve se porte naturellement vers le sommet de l'arbre, ne permet pas de le conduire en cordon vertical. S'il était conduit sous cette forme, le Pêcher se dégarnirait complétement du bas ; il ressemblerait bientôt à un manche de balai, avec une touffe de verdure tout en haut. Il n'est pas non plus possible de le conduire sur un seul cordon horizontal, position qui, en contrariant par trop la marche naturelle de la séve chez le Pêcher, le rendrait sujet aux maladies de la gomme, de la cloque et du rouge. Il faut donner aux cordons du Pêcher une direction intermédiaire entre la verticale et l'horizontale ; c'est ce qu'on fait en le dirigeant en cordons obliques. Ces cordons peuvent être simples ou doubles ; ces derniers sont formés de deux branches parallèles l'une à l'autre. On plante les Pêchers en cordons obliques à 75 centimètres l'un de l'autre ; ainsi, sur une surface de quelques mè-

tres courants de mur bien exposé, on peut réunir
toutes les meilleures espèces de Pêchers, et récolter
toutes les Pêches les plus recommandables, depuis
la Madeleine précoce jusqu'à la Tardive de septembre, tandis qu'en plantant un Pêcher conduit sous
une des formes les plus usitées, il n'y aurait place
sur le même mur que pour un seul Pêcher, et vous
ne récolteriez en tout et pour tout qu'une seule espèce de Pêches.

Vous voyez quelle ressource peuvent vous offrir
les murs contigus à un petit jardin, et combien
vous auriez tort de n'en pas tirer le meilleur parti
possible, d'après les indications qui précèdent; il
dépend de vous, pour peu que la surface de votre
jardin soit égale seulement à deux fois celle de votre
salon, d'y récolter une assez grande quantité des
meilleurs fruits. Avant de planter des arbres fruitiers, vous considérerez en premier lieu la nature
du sol dont vous disposez. Ce sol est-il d'une nature plus ou moins argileuse, se rapprochant plus
des caractères des terres fortes que de ceux des
terres légères, n'y plantez que des arbres à fruits à
pepins : les arbres à fruits à noyau ne sauraient y
prospérer; est-il, au contraire, plus léger que fort,
et très-riche en principes calcaires, contentez-vous
d'y planter des Cerisiers, des Pruniers, des Abrico-

tiers, auxquels un pareil sol convient tout particulièrement ; gardez-vous de vouloir y cultiver des
Poiriers et Pommiers, ils ne sauraient y réussir.

Arbres fruitiers en colonne. — Vos idées étant
bien fixées à ce sujet par l'analyse chimique que
vous fera à peu de frais votre pharmacien, faites
dans votre petit jardin la part des fruits, et, si la
nature du sol admet les Poiriers et les Pommiers,
plantez-y à chaque bout deux groupes chacun de
cinq à six arbres en colonne. Qu'est-ce que des arbres en colonne? direz-vous. L'arbre en cordon vertical représenté ci-dessus, gravure 18, peut vous en
donner une idée très-juste. L'arbre en colonne a
été obtenu par le même procédé ; il est maintenu
vivant et productif par les mêmes soins de culture,
et soumis de même à la taille périodique des racines.
Ils ne diffèrent l'un de l'autre que par un seul point :
l'arbre en cordon vertical devant être palissé sur un
treillage ou sur un fil de fer, le long d'un mur, n'a
et ne peut avoir des boutons à fruit que d'un côté ;
l'arbre en colonne, exposé à l'air et à la lumière
dans tous les sens, doit être garni de productions
fruitières sur toute sa surface. L'arbre en cordon
vertical cesse d'avoir besoin d'un tuteur le jour où,
ayant pris tout son accroissement, il sort de la pépinière pour prendre sa place le long du mur ;

l'arbre en colonne ne peut se passer de tuteur pendant toute la durée de son existence. Huit Poiriers et quatre Pommiers des meilleures espèces, cultivés en colonne dans un jardin même très-peu spacieux, tiennent si peu de place, qu'en leur consacrant un coin du petit jardin, vous n'en aurez pas pour ainsi dire, une seule fleur de moins ; vous aurez de plus une récolte précieuse des fruits les plus recherchés.

Quand la qualité du sol oblige à n'y planter que des arbres à fruits à noyau, vous devez adopter parmi les Cerisiers ceux des espèces dont les branches sont naturellement redressées et peu divergentes, et, parmi les Pruniers, ceux qui, comme le Prunier de Mirabelle, ne s'étalent pas et donnent peu d'ombrage. Les autres, formant parasol, étoufferaient sous leur ombre la végétation de la plupart des plantes d'ornement, inconvénient dont la valeur de leurs fruits ne saurait vous dédommager.

Ne négligez pas d'admettre, pour ne pas laisser subsister de lacune regrettable dans la série des fruits que peut donner un petit jardin, quelques Groseilliers, des espèces que je vous ai conseillé d'élever en pots ou en caisses sur le balcon et sur la terrasse. Vous y joindrez deux touffes de Framboisier, l'une à fruit blanc, l'autre à fruit rouge, et vous donnerez la préférence au Framboisier remontant, qui, après avoir donné une bonne récolte de Framboises de très-bonne heure, en donne aussitôt après une seconde presque aussi abondante que la première.

Fraisiers. — Les Fraisiers, dont la présence est de rigueur dans les petits jardins, pourront y être plantés en bordure ; ils y tiendront bien leur place, pourvu que vous preniez la peine d'en détacher les filets tous les deux jours, du printemps à l'automne, sans quoi ils usurperaient bientôt plus de place qu'il ne convient de leur en accorder. Outre le Fraisier des Alpes remontant, dit des Quatre Saisons, plantez le Fraisier Prince Impérial, le meilleur parmi les espèces d'introduction nouvelle, et le Fraisier Madame Colonge, également recommandable, dont la gravure 19 représente le fruit volumineux et très-parfumé. Tandis que vous donnerez à toutes les parties du petit jardin les soins que chaque culture réclame, et qui doivent être pour vous le plus agréable des délassements, ne vous sera-t-il pas également agréable de vous baisser de temps à autre pour cueillir et savourer quelques belles Fraises bien mûres? Et ces Fraises ne vous sembleront-elles pas dix fois meilleures que celles de même espèce que votre domestique peut vous rapporter du marché?

Les fleurs dans le petit jardin. — Quant aux fleurs, c'est-à-dire aux plantes d'ornement qui peu-

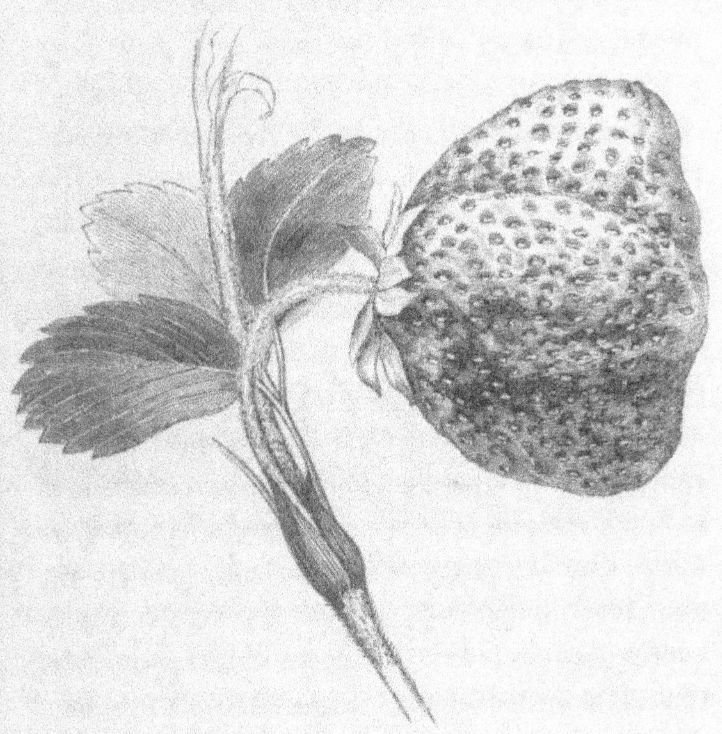

Grav. 19. — Fraisier Madame Colonge.

vent vivre dans un petit jardin, je prends pour première hypothèse la plus commune, celle où vous disposeriez de peu d'espace et de peu d'argent. Dans ce cas, plantez très-peu, semez beaucoup. Les graines des plus jolies plantes d'ornement ne sont jamais d'un prix élevé ; les fleurs qu'on en obtient ne sont ni moins belles ni moins distinguées que celles que vous pourriez acheter toutes venues ; elles se feront attendre un peu plus longtemps ; mais aussi vous les verrez arriver de jour en jour, et, quand elles s'épanouiront, vous serez amplement récompensé de vos soins. Si le sol de votre petit jardin est pierreux et décidément mauvais, semez-y une fort belle plante qui réussit et fleurit abondamment dans les plus mauvaises conditions ; on la nomme Echinops bannaticus, gravure 20. Cette plante a le port d'un chardon, mais d'un chardon distingué, dont les fleurs disposées en boules régulièrement sphériques, d'un bleu améthyste, commencent à se montrer en juin, et se succèdent jusqu'à la fin d'octobre. Une fois que vous aurez obtenu de semis une seule touffe d'Echinops bannaticus, vous n'en manquerez plus ; la plante est vivace ; sa durée est indéfinie ; elle produit tous les ans une ample provision de rejetons qu'on sépare de la souche en automne, et qui servent à sa multiplication.

Dans un terrain naturellement frais et contenant un excès d'humidité, l'une des meilleures plantes à multiplier de semis, parmi les plantes à floraison très-précoce, c'est la Cardamine à larges feuilles (grav. 21), jolie plante à fleurs abondantes d'un

Grav. 20. — Echinops bannaticus.

beau lilas clair. C'est, comme la précédente, une de ces plantes qu'on ne sème qu'une fois ; elle se reproduit ensuite par la division des touffes.

Dans les terrains de fertilité moyenne, semez à profusion les Clarkia, les Schizantes, les Eutoca, les Eucharidium ; semez aussi, en vue de la floraison d'automne, quelques graines de grande Persicaire à fleurs rouges, et même, n'en déplaise à la régie des contributions indirectes, un peu de graine de tabac. Consultez un bon catalogue de jardinier fleuriste pour ne négliger aucune des plantes annuelles qu'il est possible de semer en place. Si l'espace est limité, n'ayez qu'une touffe de chaque espèce ; plus il y aura de variété dans la floraison, plus votre petit parterre aura d'attrait pour vous comme pour vos visiteurs ; les semis de graines de plantes annuelles d'ornement sont le procédé le moins dispendieux pour le décorer.

Je suppose que le jardin est un peu moins petit, et le budget un peu moins limité à l'article fleurs. Alors, vous pouvez vous permettre la culture en petit de la Jacinthe, de la Tulipe, de l'Anémone, de l'Œillet, d'après les conseils contenus dans les chapitres précédents. Ajoutez-y une ou deux belles touffes de Glaïeuls, qui fleuriront très-bien dans un mélange par parties égales de terre de jardin et de

Grav. 21. — Cardamine à larges feuilles.

bonne terre de bruyère. Il ne faut pas que les touffes de Glaïeuls soient trop maigres ; n'en ayez
qu'une, si vous n'avez que quelques oignons à
planter, mais qu'elle soit suffisamment étoffée. Les
bonnes espèces et variétés des Glaïeuls sont très-nombreuses ; une des plus agréables est sans contredit
le Glaïeul comtesse de Saint-Marsault (grav. 22).
Les oignons de Glaïeuls doivent être levés de terre
après la floraison, et conservés dans un lieu sec jusqu'au retour du printemps ; vous aurez soin de ne
les remettre en terre que quand tout retour perfide
des derniers froids tardifs aura cessé d'être à craindre.

Les arbustes dans le petit jardin. — Dans les conditions où je vous suppose placé, le petit jardin
peut recevoir deux massifs d'arbustes, les uns de
pleine terre ordinaire, les autres de pleine terre de
bruyère. Parmi ceux de la première série, choisissez, parmi les Lilas, le blanc, le Franc de Marly, et
le Lilas de Perse. Ne commettez pas par négligence
la faute, si fréquente partout où il y a des Lilas, de
laisser des graines abondantes succéder aux fleurs.
La graine de Lilas n'est bonne à rien ; sa production épuise les arbustes et nuit sensiblement à la
floraison de l'année suivante. Il faut, aussitôt que les
fleurs du Lilas sont fanées, les supprimer en respectant les deux pousses latérales qui les accompa-

Grav. 22. — Glaïeuls comtesse de Saint-Marsault.

gnent : ces pousses, quand la part de séve qui leur appartient n'est pas inutilement détournée au profit de la graine, se termineront l'année suivante par des boutons à fleurs. On a introduit il y a quelques années la méthode un peu sévère de tailler les Lilas de Perse aussitôt après la floraison, en supprimant non-seulement les fleurs fanées, mais encore tout ce qui est vert sur ces pauvres arbustes. Leur énergie de végétation leur permet, pendant un certain temps, de réparer leurs pertes ; ils ne portent alors au gré du jardinier que des rameaux florifères d'une parfaite égalité entre eux, ce qui leur constitue des têtes d'une rare élégance. Mais les plus robustes ne résistent pas longtemps à ce traitement. On peut citer à Paris les magnifiques Lilas de Perse du jardin du palais du Sénat; ils étaient, il y a dix ans, les plus beaux de l'Europe ; en ce moment (1860), ils achèvent de mourir. Il vaut donc beaucoup mieux se contenter d'une floraison moins régulière, et ne pas risquer d'abréger trop la durée des Lilas de Perse, qui, bien ménagés, vivent très-vieux. Vous vous contenterez de leur retrancher à la taille d'hiver, après la chute des feuilles, toutes les petites branches intérieures qui ne peuvent pas fleurir, et vous ne les exposerez pas, par une taille d'été, à périr d'épuisement.

Ne multipliez pas trop les arbustes florifères de même espèce, afin d'en avoir, sur un espace de peu d'étendue, la plus grande variété possible. Joignez aux Lilas quelques-unes des plus belles Spirées, les unes blanches, les autres violettes, le Groseillier sanguin, le Groseillier doré, le Syringa à odeur de fleurs d'Oranger, le Troëne d'Europe et celui du Japon, et la Viorne ou Boule de Neige, dont la variété la plus recommandable est la Viorne à grosse tête (grav. 23). Tous ces arbustes sont tellement rustiques, qu'une fois plantés il n'y a plus à s'en occuper, si ce n'est pour les tailler, non dans le but de les rendre plus florifères, car ils le sont naturellement tout autant qu'ils peuvent l'être, mais afin d'empêcher qu'ils ne se nuisent réciproquement en prenant un développement hors de proportion avec le peu d'espace que vous pouvez leur accorder.

Le berceau. — A moins que le jardin ne soit excessivement petit, un berceau, fût-il seulement assez grand pour admettre un banc et quelques siéges rustiques, en est un accessoire indispensable. Adoptez pour le couvrir le Chèvrefeuille d'un côté, la Clématite de l'autre, auxquels vous pourrez associer des Capucines et des Volubilis. Outre le Chèvrefeuille commun, précieux par l'abondance et le parfum de sa floraison, plantez un Chèvrefeuille à

Grav. 25. — Viorne à grosse tête.

fleurs rouges inodores, d'un très-bel effet ornemental, et aussi rustique que l'espèce commune
elle-même. C'est à droite et à gauche du berceau,
quand l'espace est suffisant pour en construire un,
que les deux groupes d'arbustes d'ornement sont
le mieux à leur place. J'ai dit de quelles espèces
principales doit se composer le massif d'arbustes
de pleine terre ordinaire; il doit avoir pour pendant un massif d'arbustes de terre de bruyère. Les
Rhododendrons, les Azalées, les Kalmias, les Andro-
mèdes, et quelques autres arbustes à feuilles persistantes, de ceux qui passent bien l'hiver à l'air
libre sous notre climat, composent le fond de ce
massif, auquel on peut donner pour bordure la
charmante petite Lobélia bleue de Surinam, et l'é-
légante Cuphea d'un rouge écarlate. Ces deux plantes ont le privilége, entre toutes celles de terre de
bruyère, de fleurir sans interruption pendant toute
la durée de la belle saison. Dans le genre Cuphea,
la plus belle espèce est la Cuphea éminens (gr. 24),
dont les touffes fleuries se détachent tout à leur
avantage sur les masses de feuillage sombre des
Rhododendrons.

Les fleurs dans des pots en terre. — Enfin, il
peut arriver, et c'est ce que je vous souhaite de tout
mon cœur, que votre position de fortune vous per-

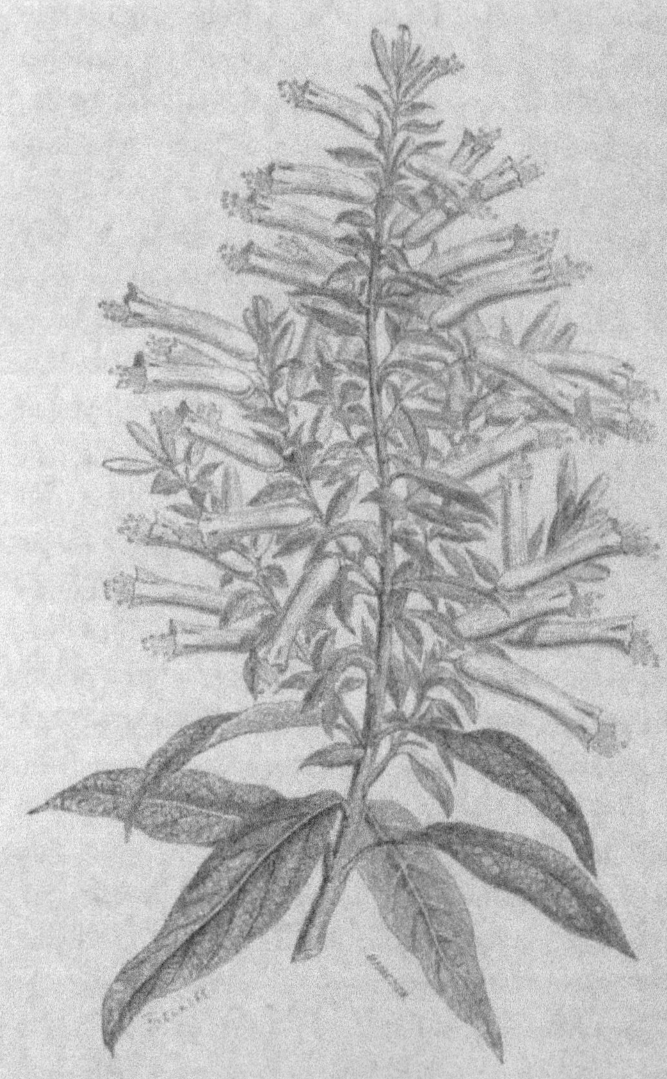

Grav. 24. — Cuphea eminens.

mette de ne rien ménager pour l'ornement de votre petit jardin. Alors, parmi les plantes d'ornement de pleine terre, prodiguez dans vos plates-bandes, pendant toute la belle saison, les plantes et arbustes d'ornement d'orangerie et de serre froide, dont vous enterrerez les pots jusqu'au niveau du sol, de sorte qu'elles sembleront être en pleine terre comme les autres. Vous avez à votre disposition, à cet effet, toutes les Cinéraires, toutes les Calcéolaires, tous les Fuchsias, tous les Pélargoniums, et une foule de charmantes plantes du même tempérament, entre lesquelles je vous signale spécialement le Syphocampilus Bétulæfolius (grav. 25), aux fleurs d'un rouge vif, au feuillage élégant, à la floraison prolongée ; il ne lui manque que le parfum ; mais on ne peut tout avoir. Le Syphocampilus Bétulæfolius, élevé de bouture dans un pot rempli de bonne terre de bruyère, enterré dans le massif d'arbustes à feuilles persistantes, du milieu de mai à la fin de septembre, y déploiera le luxe de sa végétation vigoureuse, et ne cessera pas de fleurir.

Soins de culture. — Le soin le plus indispensable dans la tenue d'un petit jardin, c'est la plus minutieuse propreté ; il ne faut pas qu'une seule mauvaise herbe ait l'impertinence de s'y montrer pour disputer leur nourriture à vos plantes d'orne-

ment. Ayez toujours le grattoir et le râteau à la
main, afin que les sentiers bien sablés qui figurent
des allées soient d'une netteté irréprochable. Cueil-
lez tous les jours, deux fois par jour s'il le faut, les

Grav. 25. — Syphocampilus Bétulæfolius.

fleurs fanées qui ont fait leur temps ; dès qu'une
feuille est percée par un insecte ou lacérée par le
vent, supprimez-la aussitôt ; assurez de bonne heure
par des tuteurs d'une solidité à l'épreuve la bonne

tenue de toutes les plantes très-développées, qui n'ont pas toujours par elles-mêmes assez de soutien, telles que les Roses trémières ou Passe-Roses, les Dahlias et les grandes espèces de Chrysanthèmes. Veillez par-dessus toute chose à prévenir le durcissement de la surface du sol, soit par l'effet des sécheresses prolongées, soit par suite des arrosages versés sous forme de grosse pluie avec une gerbe d'arrosoir percée de trop grands trous. Si, par exemple, votre petit jardin dépendait d'une maison manquant d'eau, si vous ne pouviez arroser vos fleurs qu'en puisant de l'eau à un puits de 20 à 25 mètres de profondeur, ou bien en achetant de l'eau au porteur d'eau, ce qui finit par coûter fort cher, persuadez-vous bien que de fréquents binages donnés à des intervalles assez rapprochés pour que le sol ne puisse se durcir, se plomber, comme disent les jardiniers, compensent en grande partie la disette d'eau et la rareté des arrosages, parce qu'ils ouvrent la terre aux influences bienfaisantes de l'air et de la rosée.

Votre petit jardin, en raison même de sa petitesse, n'a pas le droit de se montrer, à quelque époque de l'année que ce soit, dans une tenue négligée. Dès les premiers beaux jours, labourez le sol des plates-bandes en y enfouissant une bonne fumure de fumier d'écurie à demi consommé. Durant toute la belle saison, que les plantes florifères se succèdent sans lacunes, sans intervalles vides, si ce n'est autant qu'il en faut pour mieux faire ressortir la grâce de celles de vos plantes d'ornement qui doivent être admirées isolément. Enfin, quand les feuilles tombent, que toutes les plantes plus ou moins sensibles au froid et cultivées dans des pots enterrés ont été mises à l'abri pour l'hivernage, donnez au petit jardin sa tenue d'hiver ; il aura encore son charme.

D'abord, plantez une ou deux touffes de Coignassier du Japon ; c'est, de tous vos arbustes florifères, celui dont la floraison doit devancer celle de tous les autres ; le Coignassier du Japon, et, si l'espace le permet, le Magnolier yulan, seront en fleur alors que les plus précoces de vos Rhododendrons seront à peine en bouton, et qu'il n'y aura encore de feuilles nulle part. Ajoutez-y un Houx panaché, trois ou quatre touffes d'Hellébore rose d'hiver, autant de Galanthus perce-neige, des Hépatiques et des Violettes à profusion, sauf à les arracher quand elles auront fleuri, et vous verrez que, dès qu'un rayon de pâle soleil d'hiver, entre un dégel et une reprise de gelée, vous permettra d'y mettre le pied, le petit jardin, dans la plus mauvaise saison, aura encore bien son mérite.

CHAPITRE V

Jardinage dans l'appartement. — C'est surtout en hiver, quand le jardinage n'est plus possible ni sur la fenêtre, ni sur la terrasse, ni dans le petit jardin tel qu'on peut l'avoir à l'intérieur des grandes villes, qu'il est agréable de faire un peu de jardinage dans l'appartement; je vous montrerai tout à l'heure qu'on en peut faire beaucoup. Ce genre de jardinage n'est point aussi facile que l'autre, à beaucoup près, et il ne faut pas regretter qu'il en soit ainsi. Les gens qui peuvent s'occuper de jardinage dans l'appartement sont ordinairement, ou des dames qui par goût aiment le chez-soi, et ne désirent pas en sortir souvent, surtout pendant la mauvaise saison, ou des personnes vouées à des occupations sédentaires, ayant tout le loisir de jardiner sans sortir de leur appartement.

En hiver, une chambre habitée, où l'on fait nécessairement du feu, est l'équivalent d'une serre tempérée. Il y a néanmoins entre la serre tempérée et la chambre habitée des différences essentielles, au point de vue de la végétation des plantes qu'on y peut cultiver. Dans la serre, tout est calculé en vue de la santé et du bien-être des plantes; la serre, quelle que soit son étendue, satisfait toujours à deux conditions fort importantes, l'égalité de température de jour et de nuit et le renouvellement de l'air par un bon système de ventilation. Ni l'une ni l'autre de ces deux conditions ne sont aussi bien remplies dans une chambre habitée; il y fait très-chaud pendant une partie de la journée, et quelquefois très-froid la nuit. C'est que la chambre ne peut être chauffée que par un feu de cheminée, un poêle ou un calorifère : les foyers de ces divers moyens de produire la chaleur artificielle, n'étant pas alimentés pendant la nuit, laissent refroidir plus ou moins l'atmosphère intérieure de la chambre; il ne peut en être autrement; d'où il suit que les plantes vivant en hiver dans un appartement habité ont tantôt trop chaud, tantôt trop froid. Dans la serre,

elles vivent toujours, à quelques degrés près, sous
l'influence d'une température uniforme. Depuis que
le savant et ingénieux Bonnemain, mort de misère
à l'Hôtel-Dieu de Paris, imagina le thermosyphon,
appareil de chauffage par la circulation de l'eau
chaude, le jardinage fut en possession d'un moyen
certain de régler à volonté la température des serres,
et de la maintenir sans aucune peine à un degré
déterminé. Aussi le thermosyphon, dédaigné et
dénigré à son début, est-il de nos jours à peu près
seul employé pour le chauffage des serres. Ce serait
sortir de mon sujet que de vous démontrer ici la
supériorité du thermosyphon sur tous les autres
appareils de chauffage; je me borne à vous faire
remarquer que si, pour orner votre appartement en
hiver, vous achetez des plantes qui ont vécu, jusqu'au moment où elles sont vendues, dans une serre
tempérée, ces plantes seront, quant à la température, dans des conditions bien différentes quand
elles seront confinées dans votre chambre à coucher.

Il en est de même de la ventilation. Celle de l'intérieur de la serre est assurée par des ouvertures
qui ne laissent pénétrer l'air extérieur que le long
des tuyaux remplis d'eau chaude. De cette manière,
jamais les plantes ne sont en contact dans la serre

avec l'air du dehors, avant que celui-ci ait été amené à la température désirée. La serre est d'ailleurs pourvue d'une double porte, afin qu'en allant et venant les jardiniers ne puissent pas laisser pénétrer des masses d'air glacial qui pourraient souvent occasionner aux plantes délicates des dommages irréparables. Rien de semblable à de telles précautions n'est possible dans la chambre habitée. L'air s'y renouvelle comme il peut, par l'aspiration du foyer et par les jointures mal closes des portes et fenêtres; et puis, à tout moment, on entre ou l'on sort, en jetant sur les plantes qui concourent à orner l'appartement des flots d'air froid qu'elles supportent, si leur tempérament est assez robuste pour pouvoir y résister : sinon, elles périssent.

Vous me demanderez peut-être pourquoi l'égalité de température et la ventilation, si nécessaires aux plantes de serre, non moins utiles aux gens dans les maisons habitées, sont l'objet de tant de soins dans la serre de la part du jardinier, et sont si négligées du propriétaire. Je pourrais vous répondre que le jardinier, s'il laisse souffrir les plantes, est un homme ruiné, tandis que quant aux locataires, quand il n'y en a plus, il y en a encore; mais cela ne me regarde pas, et j'aime mieux m'en taire que d'en mal parler.

Nettoyage des plantes. — Un autre ennemi des végétaux, la poussière, ne les atteint jamais dans la serre, et les envahit inévitablement dans l'appartement. Il est donc de toute nécessité de nettoyer à fond, une fois ou deux par semaine, les feuilles des plantes qui vous tiennent compagnie, en les frottant doucement en dessus et en dessous, soit avec un tampon de linge fin mouillé, soit avec une éponge fine, légèrement humide.

Pour procéder avec ordre, j'examinerai séparément tout le jardinage possible dans les diverses parties de l'appartement, en commençant par le dessus de la cheminée. Il vous faut, pour orner de plantes vivantes en hiver la cheminée de votre chambre à coucher, des pots et des carafes. Rappelez-vous, quant aux pots, ma recommandation de vous en tenir au pot à fleurs ordinaire et de ne pas condamner d'avance vos plantes à périr, en les logeant dans des vases élégants de zinc, de tôle vernie ou de porcelaine, où elles ne sauraient vivre. Vous ne pouvez guère y cultiver en hiver que des plantes bulbeuses, auxquelles il ne faut donner que du terreau, un peu comprimé, sans mélange d'autre terre.

Oignons à fleurs. — **Crocus.** — La plus jolie plante à cultiver en hiver dans du terreau pur, sur l'appui d'une cheminée, c'est le Crocus. Les oignons de Crocus sont fort petits ; c'est un avantage pour leur culture forcée en hiver : voici pourquoi. L'horticulture possède une trentaine d'espèces ou variétés de Crocus, plus ou moins voisines les unes des autres, mais divisées en trois séries bien nettement tranchées, celles des Crocus à fleurs d'un jaune orangé, des Crocus à fleurs d'un blanc pur ou rayées de lilas sur fond blanc, et des Crocus à fleurs lilas clair. Demandez au fleuriste, pour garnir deux pots à fleurs de dimensions moyennes, dix-huit oignons de Crocus, six orangés, six blancs et six lilas ; vous pourrez, grâce à la petitesse de ces oignons, en planter dans chaque pot trois de chaque série ; ce qui pendant la floraison, qui dure au moins trois semaines, vous donnera un charmant mélange de fleurs élégantes, aux nuances vives et contrastantes. Comme ces oignons ne sont pas chers, ayez-en de quoi garnir quatre pots ; vous mettrez les oignons dans le terreau tous en même temps en novembre, ou dans les premiers jours de décembre. Deux de ces pots prendront place sur la cheminée ; vous les arroserez modérément deux fois par jour ; ils fleuriront en plein hiver. Vous mettrez les deux autres dans une chambre sans feu, et vous les arroserez seulement assez pour que la sécheresse ne les fasse pas périr. Quand la floraison des deux pre-

miers pots sera épuisée, vous les enlèverez et vous
mettrez à leur place sur la cheminée les deux autres, dont les Crocus commenceront à peine à pousser. Grâce à la chaleur de la chambre et au soin
que vous prendrez de les arroser très-souvent en
leur donnant peu d'eau à la fois, ces Crocus ne tarderont pas à fleurir à leur tour, de sorte que vous
aurez des Crocus en fleur sur votre cheminée, à
peu près pendant tout l'hiver. Si la place ne manque pas dans votre logement pour loger les pots de
Crocus défleuris, dans un coin quelconque, à la cave
ou au grenier, vous pouvez vous dispenser d'arracher les oignons de Crocus ; laissez-les en terre et
cessez de les arroser ; l'année suivante, en les traitant comme je viens de vous l'indiquer, ils fleuriront aussi bien que la première année ; vous pouvez ne les arracher que tous les trois ans pour
renouveler le terreau et séparer les jeunes oignons
qui se forment autour des anciens.

Je place ici une observation importante qui s'applique à tout ce qu'il est possible de faire de jardinage sur la cheminée ; je suppose, bien entendu,
qu'il y a du feu dans la cheminée, qu'on a commencé à en allumer de bonne heure à la fin de
l'automne, et qu'on cesse d'en faire seulement
quand la température est devenue supportable au

printemps. Mes conseils n'auraient pas de sens pour ces personnes qui, sans être dans une position gênée, préfèrent un rhume à un déboursé, et qui ne se décident à allumer du feu (et quel feu!) que quand il est absolument impossible de faire autrement.

Tulipe duc de Tholl. — Vous planterez dans des pots semblables à ceux qui conviennent à la culture forcée des Crocus quelques oignons de Tulipes. Ne vous avisez pas d'y mettre des Tulipes de collection, de celles que les botanistes nomment Tulipes de Gessner; elles y végéteraient si pauvrement et y fleuriraient si mal, que vous n'en auriez aucun agrément. Ne plantez en pots pour le jardin sur la cheminée que des oignons de petite Tulipe naine, de celle que les jardiniers connaissent sous le nom de Tulipe duc de Tholl. Il en faut mettre quatre ou cinq dans un pot de grandeur moyenne; donnez-leur, si vous voulez qu'elles fleurissent bien, un mélange par parties égales de terreau et de terre de bruyère. Ayez-en quatre pots, comme je vous l'ai conseillé à l'égard des Crocus, deux que vous forcerez immédiatement, et deux que vous tiendrez en réserve dans un local plus frais, afin que leur floraison succède à celle des Tulipes duc de Tholl, forcées en premier lieu.

Vous arroserez modérément la terre des pots placés sur les cheminées, et bientôt vous en verrez sortir des feuilles en cornet, comme celles des grandes Tulipes, du centre desquelles sortira un bouton de fleur d'une odeur agréable quoique peu prononcée, dont les divisions, d'un rouge écarlate très-vif, seront bordées d'une bande longitudinale d'un jaune d'or.

Quoique je n'aime point à faire de la science hors de propos, je ne crois pas, pourtant, devoir reculer devant une explication qui me semble nécessaire à propos d'une particularité de la floraison de la Tulipe duc de Tholl. Dès que la fleur de cette Tulipe est en gros boutons prêts à s'épanouir, il faut l'entourer d'un cercle mince, en papier blanc, assez fort pour contenir le bouton sans trop le comprimer; autrement, il s'ouvre immédiatement par le renversement en dehors des pointes de ses divisions; et la fleur tombe au bout de vingt-quatre à trente-six heures.

Vous désirez savoir, sans doute, comment il se fait que le cercle de papier retarde la chute de la fleur en prévenant l'écartement de ses divisions. Je vais vous le dire. La corolle, ce qui dans le langage vulgaire constitue, à proprement parler, la fleur, n'est pas uniquement destinée à nous réjouir la vue;

c'est à l'abri de la corolle que s'opère l'acte mysté-
rieux de la fécondation et de la formation de la
graine. Quand cet acte est prolongé, la corolle per-
siste, et c'est pourquoi chez quelques plantes, chez
les Orchidées, par exemple, la corolle tient souvent
pendant vingt à vingt-cinq jours sans se flétrir.
Quand la fécondation a lieu immédiatement, comme
chez la Tradescance éphémère ou chez le Tigridia
pavonia, en une heure ou deux, la corolle se flétrit
et tombe. C'est ce qui aurait lieu, au bout d'un
temps seulement un peu moins court, chez la fleur
de Tulipe duc de Tholl, si son bouton n'était pas
contenu. Le cercle de papier n'agit pas seulement
mécaniquement ; en empêchant l'air et la lumière
de pénétrer dans l'intérieur de la fleur, il retarde
l'acte de la fécondation ; cela seul fait persister la
corolle quelques jours de plus que si elle était li-
vrée au cours naturel de sa végétation. Ne perdez
pas de vue, je vous prie, cette explication sur les
moyens de prolonger la floraison en retardant la
fécondation ; j'aurai occasion de vous la rappeler.

Je vous ai prescrit de vous munir de carafes
pour le jardin sur la cheminée ; je vous ai suffisamment parlé de la culture qu'on y peut faire dans
des pots remplis de terre ; il est temps que je vous
parle aussi de la culture à l'eau. C'est un fait tou-

jours surprenant pour ceux qui sont étrangers à la connaissance des lois de la physiologie végétale que de voir, sans autre nourriture que de l'eau pure, une plante bulbeuse, par exemple, croître, se développer, fleurir, avec tout le coloris et tout le parfum propre à son espèce. Si le fait avait besoin d'être prouvé, cela seul rendrait évidente la décomposition de l'air par les parties vertes des plantes, autant celles qui vivent aux dépens d'une carafe d'eau claire sur l'appui d'une cheminée que celles qui vivent aux dépens de la meilleure terre.

Jacinthe forcée dans l'eau. — La Jacinthe est la fleur qu'on force le plus communément à l'aide d'une carafe remplie d'eau, dans le jardin sur la cheminée. On en place d'ordinaire deux entre deux pots de Crocus, et deux autres entre deux pots de Tulipe duc de Tholl, quand l'étendue de la cheminée le permet. Si l'espace manque, on peut s'en tenir à deux carafes de Jacinthes seulement. Les oignons doivent être posés à l'orifice des carafes pleines d'eau, vers le milieu de septembre, afin que les Jacinthes soient en fleur au cœur de l'hiver, quand les toits sont couverts de neige et les vitres décorées de palmettes de glace. On trouve chez tous les faïenciers à acheter des carafes à oignons, les unes blanches, les autres bleues, munies d'un rebord saillant, d'une forme élégante, dont l'orifice est d'un diamètre en rapport avec celui du plateau des oignons qui doivent y être forcés. Une fois installés à la place où ils doivent donner leurs fleurs, les oignons n'ont plus besoin que d'un peu d'eau tous les deux jours, pour combler le vide qui se fait peu à peu dans la carafe, soit par absorption, soit par évaporation. N'oubliez pas de tenir dans la chambre une carafe d'eau destinée à ces remplissages; si vous vous avisiez de les faire avec de l'eau qui ne fût pas à la température de l'appartement, les Jacinthes ne périraient pas pour cela; mais le temps d'arrêt causé à leur végétation par l'eau trop froide versée sur leurs racines serait cause que la tige florale cesserait de s'allonger. Les boutons des fleurs s'ouvriraient mal et s'épanouiraient à moitié entre les feuilles, au-dessus desquelles la tige ne pourrait s'élever : ce serait, par votre faute, une opération de jardinage complétement manquée. J'entends d'ici plusieurs dames dire en lisant ce qui précède : J'ai plus d'une fois acheté des oignons de Jacinthes; je les ai cultivés dans l'eau sur ma cheminée avec toute l'attention possible, et je n'en ai obtenu que des fleurs misérables.

J'ai à leur répondre que, en horticulture, aussi

bien dans le jardinage sur la cheminée que partout
ailleurs, le succès dépend d'une foule de petits détails qu'on néglige le plus souvent parce qu'on en
ignore l'importance. Par exemple, vous êtes très-
frileuse; vous allumez, dès les premières soirées
fraîches, dans votre cheminée un feu splendide, et
vous maintenez dans votre appartement, du matin
au soir, une température de 18° à 20°. Les oignons
à fleurs, cultivés dans l'eau, ne supportent pas une
telle chaleur au début de leur végétation; elle leur
fait produire un luxe inutile de longues feuilles,
moitié vertes, moitié jaunes. Elle épuise leur vigueur par ce premier effort; il ne leur en reste
plus pour nourrir la *hampe*, ou tige florale, et les
fleurs n'ont pas la moitié de la taille, du coloris et
du parfum qu'elles auraient dû avoir. Que fallait-il
faire pour parer à cet inconvénient? Placer d'abord
les oignons à fleurs sur leurs carafes, dans une
chambre dont la température ne dépasse pas 8° à
10°, dans la salle à manger, par exemple. Là, sous
l'empire d'une chaleur très-modérée, ce ne sont
pas les feuilles qui se développeront les premières,
c'est la hampe, chargée de boutons à fleurs. Au
bout de vingt à vingt-cinq jours, quand la fleur
aura pris assez d'avance sur le feuillage, il n'y aura
plus d'inconvénient à placer les carafes sur la che-

minée de la chambre chauffée comme une serre
chaude; les fleurs se développeront, tandis que les
feuilles s'allongeront sans excès, et vos Jacinthes
seront aussi belles que vous pourrez le désirer, à
condition cependant que vous prendrez encore une
autre précaution, que je dois vous signaler. De
quelque façon que votre appartement soit distribué,
la cheminée sera toujours à angle droit par rapport aux fenêtres, disposition inévitable de laquelle
il résulte que l'une des extrémités de l'appui de la
cheminée sera beaucoup plus éclairée que l'extrémité opposée. Tous les jours, ou tous les deux
jours, vous changerez de place les carafes de vos
Jacinthes, afin que chacune d'elles profite tour à
tour de l'emplacement le mieux éclairé. C'est le
même soin que je vous ai recommandé d'avoir pour
les arbustes sur le balcon; si vous ne les retournez
pas de temps en temps, toutes leurs branches se di-
rigeront dans le même sens, ce qui finira par leur
donner très-mauvaise tournure. De même, les tiges
florales de vos Jacinthes, en s'allongeant, s'incline-
ront vers la lumière si vous ne les changez pas de
place, et celle que vous aurez laissée constamment
la plus éloignée de la fenêtre restera pendant toute
la durée de la végétation de beaucoup inférieure à
l'autre. Si donc vos essais de culture d'oignons

dans l'eau ont échoué, vous savez actuellement pourquoi ; recommencez en suivant mes conseils de point en point, et vous ne pouvez manquer de réussir.

Le nombre de plantes bulbeuses d'ornement, autrement dites d'oignons à fleurs, qu'il est possible de cultiver à l'aide de l'eau seulement, dans le jardin sur la cheminée, est assez limité. Les principales sont, après la Jacinthe, qui mérite d'y tenir le premier rang, le Narcisse jonquille, l'Ornithogale d'Arabie et l'Amaryllis nacarat, ou Lys de Saint-Jacques. Cette dernière plante est la seule dont le prix soit assez élevé pour qu'elle ne soit point à la portée du commun des amateurs ; mais aussi c'est celle qui, par la richesse de son coloris et la distinction de sa forme, s'associe le mieux à l'ameublement d'une chambre richement décorée, et tient le mieux sa place sur une cheminée dont une élégante pendule occupe le milieu. Toutes ces plantes ont également besoin de tous les soins et de toutes les précautions que je viens de vous indiquer pour les Jacinthes.

Je suppose que votre chambre à coucher est spacieuse, et qu'elle est chauffée par une de ces cheminées comme on en rencontre encore quelques-unes, dont l'appui est à la fois beaucoup plus long

et plus large que celui des cheminées ordinaires
dans les maisons de construction récente. Aux deux
bouts d'une semblable cheminée, qui peut admettre
un jardin parfaitement garni, soit dans des pots,
soit dans des carafes, placez deux vases de porcelaine, de la forme la plus gracieuse possible, en
harmonie avec votre ameublement. L'orifice de ces
vases étant beaucoup trop large pour un oignon de
fleurs, vous le couvrirez d'une planchette, ou
mieux d'une rondelle de liége, percée de trois
trous ronds, de grandeur convenable. Sur chacun
de ces trous, placez un oignon de Lys de Saint-
Jacques, un de Narcisse jonquille et un d'Ornithogale d'Arabie. Ces trois plantes, venant à fleurir
toutes ensemble, formeront, aux deux bouts du
jardin sur la cheminée, deux riches touffes du plus
brillant effet. Sur une cheminée aussi grande que
je suppose la vôtre, vous pouvez aussi, parmi les carafes et les pots à fleurs, poser sur une assiette de
porcelaine une de ces jolies corbeilles en fer galvanisé et bronzé qu'on a dû vous offrir remplie de bon-
bons au jour de l'an, ou d'œufs de Pâques au printemps dernier. Remplissez-la de mousse humide, que
vous arroserez modérément deux fois par jour; logez
dans cette mousse une douzaine d'oignons de Crocus assortis, à fleurs oranges, blanches et lilas. Ces

oignons y fleuriront comme s'ils étaient plantés
dans du terreau, et si, aussitôt après leur floraison, vous avez soin de planter les oignons dans de
bon terreau, ils s'y consolideront et fleuriront la
seconde année aussi abondamment que la première.

Jacinthe renversée dans l'eau. — Voici maintenant une charmante petite expérience que je vous
engage à faire dans le jardin sur la cheminée, et
dont le résultat, singulier autant qu'inattendu, ne
peut manquer d'être pour vous une source d'agréable
surprise. Choisissez deux oignons de Jacinthe à fleur
fortement colorée, une rouge et une bleue, par
exemple. Procurez-vous chez l'un des marchands
faïenciers de Paris qui tiennent ce genre d'appareils une carafe surmontée d'une petite caisse
carrée en zinc, de la forme et à peu près de la
grandeur de l'une des boîtes de fer-blanc dans
lesquelles on renferme les sardines préparées à
l'huile. Chacun des deux fonds de cette petite caisse
doit s'ouvrir à charnière et être percé d'un trou
central, de la grandeur d'une pièce de deux francs.
Remplissez de bon terreau légèrement humide la
caisse de zinc, et plantez-y les deux oignons en
sens opposé, de manière que leurs plateaux, d'où
doivent sortir les racines, soient en regard l'un de

l'autre, et que les cœurs des oignons, d'où doivent sortir les feuilles et les fleurs, soient précisément à l'orifice des trous des deux surfaces de la caisse. Ces dispositions prises, posez la caisse à plat sur la carafe remplie d'eau, et mettez le tout à sa place dans le jardin sur la cheminée. Tous les jours vous arroserez très-modérément le terreau contenu dans la caisse, et bientôt celui des oignons qui sera planté dans sa situation naturelle commencera à étendre ses racines dans le terreau de la caisse et à donner des feuilles accompagnées d'une tige florale naissante. L'autre oignon, dans une situation retournée, la pointe en bas, n'en donnera pas moins, lui aussi, des racines, qui, en se recourbant, se renverseront tout autour de lui dans le terreau et suffiront néanmoins pour le faire vivre. Cet oignon, dont la végétation suivra à très-peu de chose près la même marche que celle du premier, prolongera dans l'eau de la carafe ses feuilles et sa tige florale. Les fleurs ne seront ni moins nombreuses ni moins colorées que celles de la Jacinthe fleurissant dans l'air, et vous aurez ainsi à la fois, dans le même appareil, une Jacinthe forcée dans les conditions ordinaires, et une autre croissant la tête en bas dans l'eau. Les progrès du développement de cette seconde Jacinthe, dans des conditions si peu normales, ne peuvent manquer de vous offrir un vif intérêt.

Que ferez-vous, après qu'ils auront fleuri, de tous les oignons de fleurs forcés dans l'eau, dans le terreau ou dans la mousse, dans le jardin sur la cheminée? Ne les considérez pas comme perdus. Au retour du beau temps, retirez-les de l'eau ou du terreau; rognez les racines au niveau du plateau, et laissez les oignons se ressuyer à l'air libre sur le balcon. Les feuilles étant à demi desséchées, vous les supprimerez comme les racines; vous laisserez compléter la dessiccation extérieure des oignons, et vous les conserverez dans un lieu sec jusqu'au mois de septembre. A cette époque, ceux qui auront été forcés dans le terreau seront plantés en pots et remis sur le balcon, où ils passeront l'hiver avec une couverture de paille ou de feuilles sèches pendant les plus grands froids. Il serait imprudent de les forcer deux ans de suite. Les autres, ceux qui auront été forcés à l'eau seule, seront nécessairement plus ou moins compromis; traitez-les néanmoins comme les premiers. Plantez-les à la même époque et dans les mêmes conditions; le plus grand nombre, vous devez vous y attendre, fleurira mal ou même ne fleurira pas du tout. Mais ceux-là même qui auront le plus souffert vous donneront toujours un certain nombre de caïeux, que vous éleverez à part dans des pots séparés, et qui, avec un peu de patience, deviendront de beaux oignons, propres à être forcés à leur tour et à être le plus bel ornement du jardin sur la cheminée.

Afin d'éviter le double emploi, je ne vous ai montré qu'un des aspects de ce jardin; vous y pouvez forcer également de la Violette, des Fraisiers, du Réséda, du Lycopode du Brésil à verdure perpétuelle, et une foule d'autres plantes dont la culture à l'intérieur de l'appartement sera traitée dans les chapitres suivants.

CHAPITRE VI

Plantes grasses pour l'étagère. — C'est un fort joli meuble qu'une étagère, soit qu'on la charge de cette multitude de petits objets de curiosité que les dames aiment à y entasser, soit qu'on les convertisse en un charmant jardin orné d'une infinie variété de plantes en miniature. Toutes les plantes capables de figurer avec avantage sur une étagère, d'y vivre et d'y fleurir dans l'appartement, appartiennent à la série des *plantes grasses*. On désigne sous ce nom des plantes qui n'ont rien de gras dans le sens vulgaire de cette expression ; elles le justifient seulement par la nature épaisse de leur feuillage charnu. Quelques-unes n'ont même pas de feuillage : les feuilles et la tige se confondent en un seul et même organe. Les deux principaux genres de cette série sont les *Sedums* et les *Cactus*, non pas ceux de dimensions colossales ou même de taille moyenne, qui occuperaient beaucoup trop d'espace, mais des Sedums et des Cactus en miniature, tels que les a vulgarisés à Paris un habile horticulteur, M. Steiner, qui a fait de la culture des plantes grasses naines sa spécialité. Le fond de la décoration du jardin sur l'étagère doit donc consister en Cactus nains des genres Opuntia, Cereus, Melocactus, Echinocactus, et quelques autres, et en Sedums dont la liste est si nombreuse, que vous n'aurez que l'embarras du choix. Je vous recommande, en outre, d'admettre sur l'étagère, spécialement aux deux bouts de chaque dressoir, un ou deux pieds de Stapélia, plante aux formes bizarres, à la floraison en étoile, d'une singularité d'aspect fort remarquable, et dont les fleurs tiennent très-longtemps. Vous pouvez juger de la valeur ornementale des Stapélias en général par la Stapélia variégata, représentée de grandeur naturelle (grav. 26). Cette plante peut vous servir à faire une très-curieuse expérience sur l'instinct particulier des mouches à viande. Sans vouloir faire à ce propos une excursion déplacée dans le domaine de

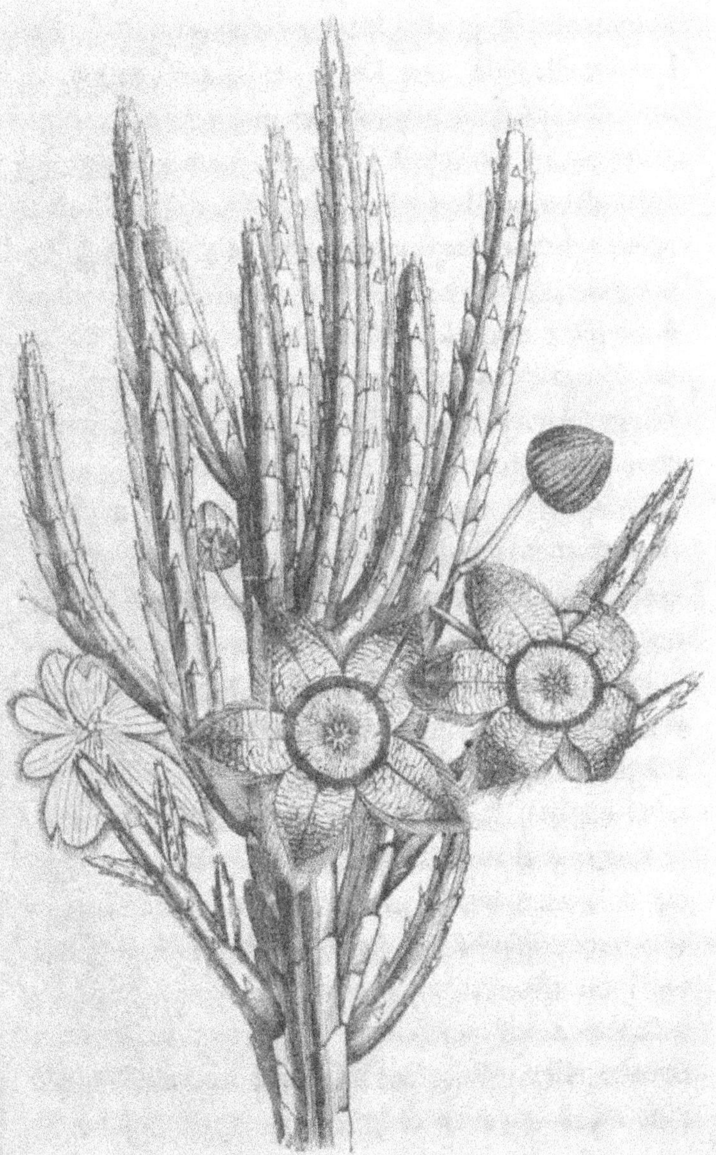

Grav. 26. — Stapélia variégata.

l'entomologie, je vous ferai seulement observer que les femelles de tous les insectes, sans exception, sont douées d'un merveilleux instinct qui les porte à déposer leurs œufs là où les jeunes larves qui doivent en sortir sont assurées de trouver à leur portée les aliments qui leur conviennent. Les mouches, en général, bien qu'elles recherchent pour leur nourriture personnelle les matières sucrées, savent apparemment que leurs larves ne peuvent vivre qu'aux dépens des matières animales en putréfaction ; car c'est toujours là, et non ailleurs, qu'elles opèrent leur ponte. La grosse mouche, si connue et si redoutée des bouchers et des ménagères, sous son nom vulgaire de mouche à viande, ne pond que sur la viande un peu avancée. Je laisse de côté la question incidente, fort controversée parmi de savants naturalistes, celle de savoir si les mouches ont un nez. J'avoue que je n'en sais rien, mais à coup sûr elles ont le sens de l'odorat.

Les mouches et la Stapélia. — Enfermez deux ou trois mouches à viande dans une chambre où vous aurez déposé temporairement un pied de Stapélia en fleur, vous ne tarderez pas à voir les mouches venir pondre sur les fleurs de Stapélia, comme elles pondraient sur un morceau de viande plus ou moins avancé, si elles en avaient un à leur disposition. Approchez vos narines de la fleur, vous reconnaîtrez que son odeur est celle de la viande corrompue. L'erreur de l'instinct de la mouche, en cette circonstance, ne peut évidemment pas provenir de la vue ; ni la forme, ni la couleur de la fleur de Stapélia ne peut donner lieu à une erreur de ce genre. Il faut donc admettre qu'elle est due uniquement à l'odorat. Ainsi la fleur de Stapélia démontre d'une manière irrécusable non pas que les mouches ont un nez, question qui reste quant à présent indécise, mais que ces insectes sont pourvus du sens de l'odorat. Remarquez, je vous prie, que, en vous prévenant de l'odeur peu agréable de la fleur de Stapélia, je ne vous engage pas à en avoir un grand nombre ; je vous la signale seulement pour la bizarrerie et pour l'effet singulier qu'elle peut produire parmi d'autres plantes grasses dans le jardin sur l'étagère. N'en ayez qu'un pied ou deux, et, à moins de s'en approcher à dessein, personne, à l'exception des mouches qui pourront se trouver dans l'appartement, ne s'apercevra de leur mauvaise odeur. D'ailleurs, vous en serez trèspeu incommodée si vous avez soin de retrancher les fleurs un peu avant qu'elles commencent à se flétrir ; car c'est seulement alors que leur odeur fétide est le plus prononcée.

Soins de culture pour les plantes grasses naines.
— La culture de toutes les plantes grasses naines
sur l'étagère est la même : des arrosages assez abon-
dants deux fois par semaine seulement quand les
plantes sont en végétation et qu'elles se disposent
à fleurir ; point d'eau du tout pendant le sommeil
de leur végétation : c'est tout le secret. En effet,
la grande majorité de ces plantes croît dans les régions tropicales, où elles sont soumises à des alternatives de pluies torrentielles et de sécheresse prolongée pendant plusieurs mois. Chacun des petits
pots de terre rouge contenant une plante grasse doit
être posé sur l'étagère dans une petite soucoupe de
faïence ou de porcelaine ; les Stapélias ont besoin
plus que toutes les autres d'une lumière vive. Vous
leur accorderez sur l'étagère la place la mieux
éclairée, et, pendant les beaux jours, vous aurez
soin de leur faire de temps à autre prendre l'air
sur le balcon, pour leur santé.

Parmi les plantes grasses naines dont vous pouvez garnir l'étagère, outre celles que je viens de
vous indiquer, demandez au fleuriste des Ficoïdes,
des Crassules et quelques Agavés. Les formes de ces
plantes offrent entre elles des différences très-
tranchées ; leur réunion à côté les unes des autres
produit sur l'étagère un effet très-gracieux, surtout

si vous avez soin de placer tout près l'une de l'autre
celles qui se ressemblent le moins.

La jardinière d'appartement. — Après avoir
garni de plantes d'ornement le jardin sur la cheminée et le jardin sur l'étagère, il reste encore dans
l'appartement bien de la place pour les fleurs. Un
meuble indispensable chez toute personne qui se
pique d'aimer les fleurs, c'est celui qu'on nomme
une jardinière, construite soit en bois de vigne di-
versement orné d'écailles, de cônes, de pins et sa-
pins, soit en fil de fer galvanisé ; ces dernières sont
les plus élégantes. Il ne faut pas penser à élever des
plantes d'ornement dans une jardinière d'appartement. La caisse de zinc ne peut que recevoir pendant le temps de leur floraison des plantes élevées
ailleurs ; mais elle peut en admettre une grande variété, dans les genres les plus distingués comme
dans les plus vulgaires.

C'est toujours un sérieux déplaisir pour l'amateur d'horticulture d'appartement que de voir languir et dépérir ses plus belles plantes d'ornement.
Ne pouvant entrer ici dans le détail des soins de
culture réclamés par toutes celles de ces plantes qui
peuvent figurer dans la jardinière, j'insisterai spécialement sur trois genres choisis parmi les plus dignes
d'intérêt, les Camellias, les Éricas et les Bégonias.

Le Camellia. — Le Camellia, depuis son introduction en Europe, en 1739, par le P. Kamel, missionnaire allemand, a produit tant de sous-variétés par la culture dans les serres d'Europe, qu'aujourd'hui une collection un peu complète ne compte pas moins de six cents camellias, parfaitement distincts, et que je n'entreprendrai pas de vous décrire. Je vous ai déjà signalé la nécessité de ne jamais arroser les Camellias avec de l'eau trop froide; il faut aussi bien vous persuader que, tant qu'il ne gèle pas dans le local où vous les tenez habituellement, il y fait toujours assez chaud. C'est pour avoir eu tour à tour chaud et froid dans un appartement trop chauffé pendant le jour, trop refroidi pendant la nuit, que tant de camellias achetés en boutons refusent de fleurir dans l'appartement. Rappelez-vous que, au moment où vous les achetez, ils sortent d'une serre froide; laissez-les dans une chambre sans feu ou très-modérément chauffée, jusqu'à ce que leurs boutons, qui s'épanouissent très-lentement, soient assez avancés pour qu'ils ne puissent plus s'en dédire. Alors seulement vous pourrez leur faire prendre place dans la jardinière du salon ou de la chambre à coucher.

Le Camellia, après la floraison, donne de jeunes pousses qui croissent assez rapidement. Pour les

consolider, retirez les pots de la jardinière et met-
tez-les à l'air sur le balcon, aussi souvent que l'état
de la température extérieure pourra le permettre.
Si vous avez soin de les rentrer dans la jardinière
les jours d'orage, ou de grandes pluies, afin que la
terre de leurs pots ne soit jamais mouillée avec
excès, et que tous les ans ou tous les deux ans,
selon leur accroissement annuel, vous leur donniez
une terre nouvelle dans un pot moins étroit, ils
fleuriront tous les ans. Ce sera de toutes les plantes
admises dans la jardinière celle qui vous procurera
le plus de satisfaction, parce que le Camellia supporte très-bien l'atmosphère d'une chambre habitée, et qu'étant convenablement traité sa durée
est, pour ainsi dire, indéfinie.

La plupart des variétés de Camellias les plus distinguées ont toutes le même défaut, qui n'en est
pas un à proprement parler : ces charmants arbustes, cultivés dans l'appartement, sont trop géné-
reux. Ils fleurissent trop, ou plutôt ils donnent trop
de boutons, groupés deux par deux, ou même trois
par trois, aux extrémités des rameaux. Quand cet
inconvénient se produit, il y a lieu de craindre que,
de cette multitude de boutons, pas un seul ne s'épa-
nouisse convenablement. On doit, dans ce cas, en
sacrifier une partie pour assurer la bonne floraison

du reste. Comme le très-court pédoncule de la fleur du Camellia a très-peu d'adhérence au rameau, vous pourriez, en voulant en détacher un, les faire tous tomber, et le remède serait, comme on dit, pire que le mal. Voici comment il faut procéder : avec une lame de canif parfaitement affilée, vous couperez transversalement vers le milieu de leur hauteur tous les boutons que vous croyez devoir supprimer, en leur imprimant le moins de secousse possible. La moitié inférieure du bouton, laissée sur le rameau, ne tardera pas à se dessécher et à tomber elle-même, en dégageant les boutons ses voisins, sans risquer de les entraîner dans sa chute.

Tant que les Camellias séjournent dans la jardinière, vous devez vous assujettir à nettoyer tous les deux ou trois jours leurs feuilles, en les frottant avec un tampon de linge mouillé ou un morceau d'éponge fine légèrement humide, afin de les débarrasser de la poussière, qui, en s'opposant à la transpiration végétale, finirait par faire jaunir et tomber les feuilles des Camellias. Vous n'êtes dispensé de ce soin que quand une pluie douce et prolongée a rendu à vos Camellias le même service.

Les Bruyères. — Le genre Érica et le genre Épacris, très-voisin du précédent, sont confondus par le commun des amateurs sous le nom vulgaire de Bruyères, dont les plus belles variétés sont ori-

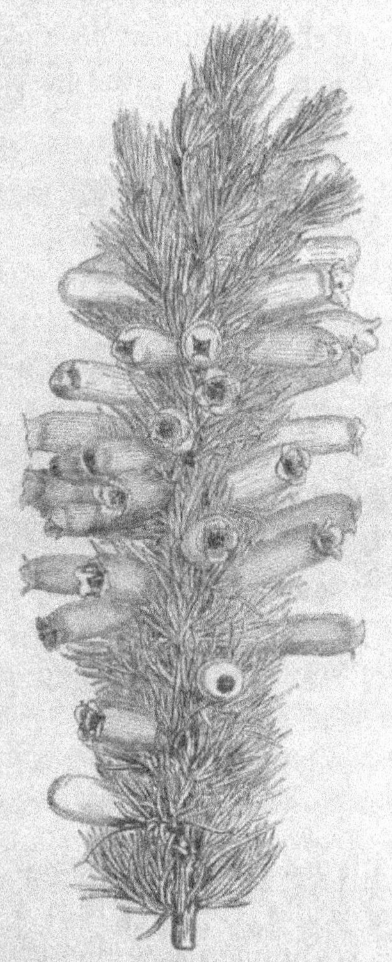

Grav. 27. — Erica abiétina.

ginaires du cap de Bonne-Espérance. Toutes ces

plantes ont entre elles, malgré la riche variété de leurs nombreuses espèces, assez de caractères communs pour qu'elles ne puissent être confondues avec d'autres. Je vous signale, parmi les plus jolies et

Grav. 28. — Erica vestita alba.

les plus à la mode, l'Érica abiétina (grav. 27) et l'Érica vestita alba (grav. 28), deux des plus belles du genre. Les Bruyères sont plus délicates et plus sensibles au froid que les Camellias. Quand on les achète fleuries ou près de fleurir, elles sortent non pas, comme les Camellias, de la serre froide, mais de la serre tempérée. Il faut donc les faire passer immédiatement dans la chambre la mieux chauffée. Afin qu'elles s'y trouvent le mieux ou le moins mal possible, vous rapprocherez le soir la jardinière de la cheminée, et vous l'en éloignerez pendant le jour ; de cette manière, vous diminuerez autant que possible la différence inévitable entre la température de jour et celle de nuit dans l'appartement habité. Les Bruyères demandent des arrosages très-modérés, mais fréquemment renouvelés ; l'excès de l'humidité leur nuit beaucoup plus que la sécheresse. En dépit de tous les soins possibles, les Bruyères, dans la jardinière d'appartement, meurent souvent après avoir fleuri ; heureusement leur prix, même celui des espèces les plus recherchées, n'est jamais très-élevé. On peut toujours remplacer à peu de frais celles qu'il n'a pas été possible de faire vivre d'une année à l'autre.

Les Bégonias. — Le genre Bégonia, d'une culture et d'une conservation plus facile, se recommande autant par son feuillage que par ses fleurs, qui réunissent à peu près toutes les nuances du rouge, depuis le blanc très-légèrement teinté de rose, jusqu'aux tons écarlates les plus éclatants. La Bégonia xanthina, que représente la gra-

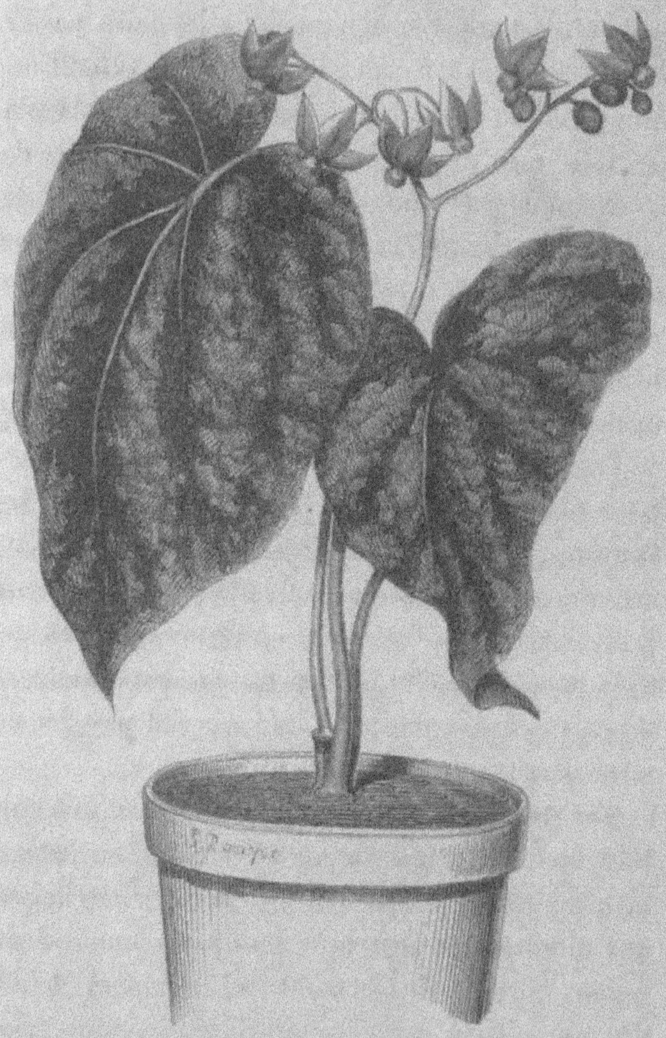

Grav. 29. — Bégonia xanthina.

vure 29, a, par exception, des fleurs dont les pétales, rouges en dessous, sont d'un beau jaune d'or en dessus. Son ample feuillage est agréablement nuancé de plusieurs teintes de vert foncé et de vert clair, avec d'admirables reflets veloutés du plus bel effet ; c'est une des plus belles de ce beau genre. Les Bégonias prospèrent dans un mélange de terreau et de bonne terre de bruyère. Quant à la température, on ne perdra pas devue que, de même que les Bruyères, toutes les Bégonias sortent de la serre tempérée.

Dans une jardinière d'assez grandes dimensions, placez au centre un beau Camellia, à gauche un beau pied d'Érica, à droite un pied de Bégonia à peu près d'égale hauteur, et remplissez les intervalles avec des pots plus petits contenant des plantes plus communes, mais très-florifères, par exemple, des Pensées et des Primevères de la Chine ; masquez la surface des pots avec de la mousse que vous renouvellerez quand elle aura pris un ton jaune en vieillissant ; remplacez chaque plante défleurie par une autre près de fleurir, et vous aurez la jardinière la mieux ornée, le plus bel accompagnement que vous puissiez désirer pour compléter votre ameublement, fût-il choisi dans tout ce que le luxe le plus somptueux peut produire de plus élégant.

Le Réséda en arbre. — Il faut que je vous donne

la meilleure recette pour tirer parti de deux plantes vulgaires, le Réséda et la Violette double, dont
probablement vous ne soupçonnez pas le mérite,
quant à l'effet qu'elles peuvent produire dans la
jardinière d'appartement. Vous planterez dans un
pot à fleurs ordinaire, rempli de bonne terre de
jardin mêlée à du terreau par parties égales, un
pied de Réséda un peu fort. La plante née de semis
en pleine terre forme habituellement une touffe
composée de cinq à sept tiges terminées par un épi
de fleurs. Dès que le Réséda mis en pot a bien repris dans sa nouvelle position, ce qu'on reconnaît
aux jeunes pousses qu'il recommence à produire, on
supprime toutes les tiges, une seule exceptée : celle-
ci est solidement fixée, par plusieurs attaches de
jonc ou de laine, à une baguette d'osier blanc, plantée au milieu du pot, en guise de tuteur. Laissez
bien fleurir l'extrémité de la tige unique conservée,
mais ne lui laissez pas porter graine. Dès que les
fleurs sont suffisamment épanouies, rognez la tige
au-dessous de la dernière fleur. Dans l'aisselle de
chacune des feuilles au-dessous de la coupe, il naî-
tra une jeune pousse; dès que ces pousses auront
2 ou 3 centimètres de long, supprimez-les toutes
avec les feuilles qui les accompagnent, en réservant
seulement les trois qui se trouvent être le plus rap-

prochées de la coupe. En tenant la plante chaude-
ment, et en l'arrosant deux fois par jour, les trois
nouvelles pousses montreront bientôt leurs fleurs.
Ne les laissez pas fleurir, et, dès qu'elles seront en
boutons bien prononcés, rognez-les au-dessous du
dernier bouton. En traitant ces trois tiges comme
vous avez traité celle qui les porte, chacune d'elles
vous donnera deux pousses que vous laisserez croître et fleurir, en ayant soin surtout de supprimer à
mesure qu'elles se montreront toutes les pousses latérales qui ne manqueront pas de naître aux places
où les feuilles primitives auront été retranchées.
En un mois ou deux, la tige centrale et les six tiges
secondaires composant la tête de la plante seront
devenues ligneuses ; le Réséda sera un arbuste, et,
si vous avez soin de retrancher les fleurs avant
qu'elles portent graine, la floraison se continuera
toute l'année, sans interruption. En Belgique
ainsi qu'en Hollande, où cette manière de cultiver le Réséda dans les appartements est très-usitée,
on en voit fréquemment qui vivent douze à quinze
ans et même au delà, et qui sont l'un des ornements les plus agréables de la jardinière décorée des
plantes les plus rares et les plus précieuses. Afin de
donner à la tête du Réséda en arbre une forme régulière et d'espacer les rameaux à des distances

égales entre elles, on peut, selon l'usage belge, les attacher à une mince baguette d'osier blanc, ou bien à une baleine pliée en forme de cerceau. Pendant la belle saison, le Réséda doit être mis à l'air sur le balcon à chaque fois qu'on taille les pousses qui viennent de fleurir, dans le but de provoquer l'émission de nouvelles pousses florifères ; on le replace dans la jardinière quand il est près de fleurir.

La Violette double en arbre. — La Violette double, lorsqu'on la cultive en pleine terre, se propage par des tiges rampantes qui partent du centre de la touffe, rayonnent dans tous les sens, et prennent racine à leur extrémité, pour donner naissance à une touffe nouvelle. Plantez dans un pot assez grand, rempli de bonne terre de jardin plutôt forte que légère, et sans mélange de terreau, une touffe de Violette double. Adaptez au pot un petit treillage en forme d'éventail, semblable à ceux sur lesquels on est dans l'usage de palisser les Œillets. A mesure que les tiges rampantes se développent, relevez-les et fixez-les au treillage ; comme ces tiges ne pourront pas s'enraciner, elles en produiront d'autres,* qui, se propageant de la même manière, finiront par atteindre le haut du treillage. Vous aurez alors un éventail tout couvert de touffes de Violette double ; tout cela fleurira et parfumera l'appartement

durant cinq à six semaines, en plein hiver. De
même que celles du Réséda en arbre, les tiges de la
Violette double ainsi conduite deviendront ligneuses, et la durée des plantes parvenues à ce degré
de solidité sera indéfinie. Vous aurez soin, pendant la floraison, de retirer tous les soirs de la
chambre à coucher la Violette à tiges ligneuses ;
sa présence pendant le jour est sans inconvénient,
excepté pour les personnes très-nerveuses, que toute
odeur pénétrante incommode plus ou moins.

La Sparrmannia. — J'ai encore une recommandation toute particulière à vous adresser au sujet
d'une plante très-peu répandue, quoique très-digne
de l'être, la Sparrmannia Africana (grav. 30), du
cap de Bonne-Espérance. Cette plante, d'un tempérament analogue à celui du Myrte et du Grenadier,
n'a besoin que de la température de la serre froide
ou de l'orangerie pour l'hivernage ; elle fleurit abondamment pendant plusieurs mois, et vit de longues
années, pourvu qu'on lui donne, à mesure qu'elle
grandit, des pots plus grands et de nouvelle terre.
La Sparrmannia en fleurs présente un phénomène
analogue à celui si connu de la Sensitive, mais en
sens contraire. On sait que la feuille de la Sensitive
se replie sur elle-même lorsqu'on passe le bout du
doigt le long de ses folioles ; touchez de même du

bout du doigt, non pas les feuilles de la Sparrmannia,
mais le sommet de ses étamines disposées en touffe

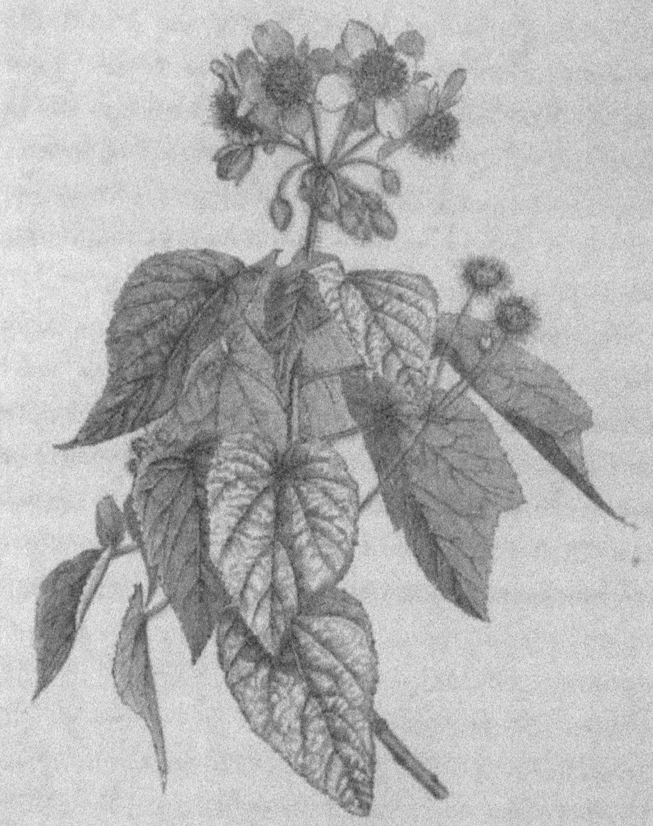

Grav. 30. — Sparrmannia Africana.

serrée : au même instant, vous les verrez s'écarter
dans tous les sens, et elles ne reviendront à leur

première position qu'au bout de quelques minutes.
La Sparrmannia Africana a un défaut pour la culture dans la jardinière : elle finit par atteindre des
dimensions très-développées ; celle du Jardin des
Plantes, âgée de vingt-cinq à trente ans, n'a pas
moins de 5 mètres de haut. Mais, quand une Sparrmannia Africana a pris de trop grandes dimensions,
rien n'est plus facile que de la reléguer d'abord sur
le balcon ou la terrasse, ensuite dans le jardin d'un
ami, qui sera charmé de la circonstance.

Je n'ai pas dit la moitié du jardinage possible
dans une jardinière d'appartement ; et, si vous faites
de point en point seulement ce que je viens de vous
indiquer, vous aurez pendant toute la saison rigoureuse une série de charmantes occupations dont la
floraison la plus brillante et la plus variée sera la
récompense.

CHAPITRE VII

La serre portative. — Dans un salon spacieux dont le centre est occupé par un large guéridon, rien n'est mieux à sa place qu'une serre portative, meuble de nos jours adopté par un grand nombre de dames, et qui leur permet de faire en horticulture une foule de choses impossibles sans cet auxiliaire. La serre de salon est, quand on la réduit à sa plus simple expression, ce que les jardiniers nomment une verrine, c'est-à-dire une cloche de grandes dimensions, à compartiments ouvrant à charnière et enchâssés dans du plomb, comme les vitres des fenêtres du temps jadis. Quand elle n'est pas pourvue d'un appareil de chauffage quelconque, c'est une serre froide ; celle qui porte en dessous un réservoir d'eau échauffée par une lampe placée au centre, c'est à volonté, selon le degré de chaleur qu'on veut y produire, une serre tempérée ou une serre chaude.

Grav. 51. — Serre froide portative.

La gravure 51 représente une serre froide portative ornée à l'extérieur de manière à pouvoir s'associer avec un très-riche ameublement. Ce genre de serre de salon est d'un prix assez élevée ; mais les serres toutes simples, dépourvues d'ornements extérieurs, ne sont pas chères, et leur prix tend d'année en année à diminuer. La serre ornée est toujours plus petite que l'élégante capsule bronzée sur laquelle elle repose; celle-ci est remplie de bonne terre mêlée de terre de bruyère, ce qui permet d'y cultiver en dehors de la serre portative un entourage de Lycopode du Brésil ou de petites plantes naines qui l'encadrent gracieusement sans nuire aux plantes en pots qu'elle recouvre. La serre portative dépourvue d'ornements est du même diamètre que sa capsule; elle n'admet pas d'encadrement de végétation extérieure.

Dans la serre portative, pour peu qu'elle soit chauffée, vous pouvez faire, sur une très-petite échelle, il est vrai, mais presque sans exception, toutes les opérations du jardinage appliqué à la multiplication et à la culture des plantes d'ornement, et alimenter par là les autres divisions du jardinage intérieur, y compris le jardin sur la fenêtre.

Semis dans la serre portative chauffée. — Je suppose, pour plus de précision, que vous disposez de deux serres semblables, l'une richement ornée sur le guéridon de votre salon, l'autre, beaucoup plus simple, montée sur un pied en fer creux; celle-ci peut être placée dans toute autre pièce de l'appartement où sa présence est le plus agréable. Dans la seconde, vous pouvez semer en pots toutes les graines de plantes d'ornement dont les paquets portent pour indication : semer sur couche et repiquer en place. En effet, quand, pour garnir les plates-bandes d'un grand parterre, vous semez réellement sur couche les graines des mêmes plantes, il est évident que le fumier de la couche ne contribue en rien à faire croître les plantes nées de ces semis : il sert uniquement à produire par la fermentation une certaine quantité de chaleur artificielle qui hâte la germination des graines, et active la végétation des jeunes plantes pendant la première période de la croissance. L'élévation de la température dans la serre portative chauffée produit exactement le même effet. Vous pouvez donc semer dans les pots abrités sous cette serre les graines des plantes d'ornement qui lèveraient difficilement dans des pots sur le balcon, sans le secours de la chaleur artificielle ; elles y lèveront parfaitement et donneront du jeune plant que, vu les dimensions de la serre, vous serez forcée de repiquer de très-bonne heure dans d'autres pots. Celles de ces plantes qui doivent fleurir sous de petites dimensions prendront place dans la serre ornée ; les autres iront achever de grandir et de fleurir dans le jardin sur la fenêtre ou dans la jardinière d'appartement. C'est ainsi, par parenthèse, que la serre de salon, après la dépense une fois faite de son prix d'achat, deviendra pour vous une source de véritable économie; elle vous dispensera d'acheter une foule de plantes que vous aurez le plaisir d'y multiplier vous-même pour l'entretien de toutes les branches de votre jardinage intérieur.

Boutures dans la serre portative. — Le nombre des belles plantes à multiplier de semis dans la serre portative chauffée est assez restreint; on en peut, au contraire, multiplier un très-grand nombre de boutures. Mon désir et mon but étant de vous mettre à même de tirer du jardinage à la maison la plus forte somme possible de délassements, je dois placer ici quelques instructions spéciales sur le bouturage. Chez les végétaux, une partie seulement, séparée du reste et placée dans des conditions favorables, peut reproduire tout le végétal et devenir une plante complète, capable de se reproduire elle-même; c'est sur la connaissance de ce fait que repose la multiplication par bouture. Vous comprendrez toute la valeur de ce mode de propagation en horticulture si vous réfléchissez à ce fait capital, que le plus grand nombre des belles plantes étrangères d'ornement cultivées dans les serres d'Europe peut bien croître et fleurir, fructi-

fier même quelquefois, mais ne donne presque jamais de graines fertiles. On peut, à la vérité, pour
les multiplier de semis, tirer de leur pays d'origine
les graines de la plupart de ces plantes; mais, le
plus souvent, ces graines ont perdu dans le trajet
leurs propriétés germinatives, si bien que, quand
on les sème à leur arrivée, elles ne lèvent pas. Sans
la possibilité de les multiplier par le bouturage,
ces plantes disparaîtraient des collections, ou bien
elles seraient si rares dans le commerce de l'horticulture, et à des prix tellement élevés, que la
masse des amateurs devrait s'en priver.

Pour faire une bouture, on prend ordinairement
un rameau muni d'un ou de plusieurs yeux bien
constitués; on le coupe net avec une lame bien affilée. On enfonce l'extrémité inférieure de la bouture dans un pot rempli de terre de bruyère, et on
place le pot à l'intérieur de la serre d'appartement.
Quand les boutures se sont enracinées, on s'en
aperçoit à la reprise immédiate de la végétation et
aux jeunes pousses que donnent les rameaux bou-
turés. On les repique alors dans des pots un peu
plus grands, où ils continuent à croître; plus tard,
par un second rempotage, on les transplante définitivement dans les pots où les jeunes plantes toutes
formées doivent fleurir. C'est de cette manière que

vous pouvez bouturer dans votre serre d'appartement tous les Fuchsias, tous les Géraniums, toutes
les Bégonias, toutes les Verveines, et, en général,
les plantes d'ornement à tiges plus ou moins molles
et succulentes. Ces boutures peuvent être faites en
août et septembre, repiquées à la fin d'octobre et
hivernées dans la serre froide portative. Si vous en
prenez soin pendant la mauvaise saison, en les arrosant modérément et en essuyant de temps à autre
la *buée*, c'est-à-dire l'humidité condensée intérieurement sur les vitrages de la serre portative, elles
seront en très-bon état au printemps et fleuriront
abondamment l'année suivante. Le même mode de
bouturage peut aussi être employé à l'égard des
mêmes plantes au printemps; les jeunes plantes
obtenues de bouture se mettent immédiatement à
fleurir, mais elles sont toujours moins belles et
moins vigoureuses que celles qui proviennent de
boutures faites avant l'hiver.

Boutures de feuilles. — Les tiges ne sont pas les
seules parties des plantes qui puissent servir à faire
des boutures. Plusieurs plantes, spécialement celles
du genre Achimenès et du genre Bégonia, peuvent
être bouturées avec des feuilles et même des portions de feuilles; c'est une curieuse expérience qu'il
vous sera très-agréable de répéter vous-même en

procédant comme je vais vous l'expliquer. Vous avez, je suppose, un beau pied de Locheria magnifica; cette plante est une des plus admirables du sous-genre Locheria, division du genre Achimenès (grav. 52). La plante est trop belle et elle a trop bonne tournure pour que vous jugiez à propos d'en détacher un rameau et d'en faire une bouture; vous éprouvez cependant le désir très-naturel de la multiplier. Voici ce qu'il faut faire : choisissez une feuille parfaitement saine et bien développée; sans la détacher de la tige, fendez-la en deux le long de sa nervure centrale, jusqu'aux deux tiers de sa longueur. Fendez ensuite la partie de cette feuille à demi détachée le long des nervures latérales, ce qui vous donnera cinq à six fragments de feuilles, que vous aurez soin de ne pas détacher complétement. Au bout de quelques jours, à l'angle inférieur de chaque coupure, il se formera un petit mamelon assez apparent, contenant des rudiments de racines. Détachez alors chaque fragment de feuille et bouturez-les séparément dans de petits pots que vous placerez sous la serre portative chaude. Presque toutes ces boutures s'enracineront et vous donneront de bonnes plantes, qui fleuriront dès leur première année. Quand même plusieurs d'entre elles ne réussiraient pas, ne serait-ce pas pour vous un

plaisir très-vif que de voir naître d'un simple fragment de feuille une plante aussi belle et d'une

Grav. 52. — Locheria (Achimènes).

aussi splendide floraison que la Locheria magnifica?

Pour bouturer avec succès des feuilles de Bégonia, voici comment il faut vous y prendre. Détachez en la coupant net avec une lame bien tranchante une feuille d'une grande espèce de Bégonia ; celle qui réussit le mieux au bouturage est la Bégonia à manchette, ou Bégonia manicata. Cette espèce se distingue de toutes les autres du même genre par l'ampleur de son feuillage, et par un rang de poils rougeâtres retombants, disposés en cercle autour de la queue de la feuille, qui sont l'origine de son nom propre. Le pétiole, ou, pour parler le langage vulgaire, la queue de la feuille, représente un tube creux, d'un diamètre à y fourrer le doigt. Plantez le bout de ce tube dans un pot rempli de terre de bruyère que vous placerez dans la serre portative chaude. Ne vous embarrassez pas de ce que deviendra la feuille ; elle se tortillera et se desséchera au bout de quelques jours ; la queue seule restera vivante, il se formera tout autour de sa base un bourrelet bien prononcé, contenant, comme les fragments de feuilles de Locheria, des rudiments de racines. Quand la bouture en est là, vous pouvez la retirer de terre, la fendre dans le sens de sa longueur en six ou huit bandes égales, et planter chacune de ces bandes séparément dans un pot ; ce sont autant de boutures dont la réussite est assurée, et dont vous verrez dans le courant de l'année se développer le singulier feuillage, et les tiges florales.

Boutures de plantes ligneuses. — Avec de la persévérance, il n'est presque pas de plante d'ornement que vous ne puissiez bouturer avec succès; elles mettent d'autant plus de temps à s'enraciner que leur tissu est plus sec et plus ligneux; les Bruyères (grav. 35) et les Camellias ne s'enracinent qu'au bout de plusieurs mois. N'en désespérez pas tant que le rameau bouturé conserve avec ses feuilles vertes l'apparence de la vie; vous attendrez longtemps, mais vous n'aurez, comme on dit, rien perdu pour attendre, et un beau jour, au moment où peut-être vous aurez cessé de l'espérer, vous verrez se former au sommet de la bouture et dans les aisselles de ses feuilles, des bourgeons bien conformés qui ne tarderont pas à se développer en jeunes rameaux florifères pour l'année suivante. Vous lirez dans plusieurs traités très-répandus sur cette matière qu'on ne doit pas même essayer de bouturer les Éricas et les Camellias; et que ce mode de multiplication de ces arbustes ne saurait être pratiqué avec quelque chance de succès que par un jardinier d'une habileté consommée: n'en croyez rien. Si vous avez soin de vous arranger de manière que la lampe qui chauffe le réservoir de votre serre portative ne s'é-

teigne pas pendant la nuit, et que vos boutures n'é-
prouvent pas d'alternatives de chaleur et de froid,

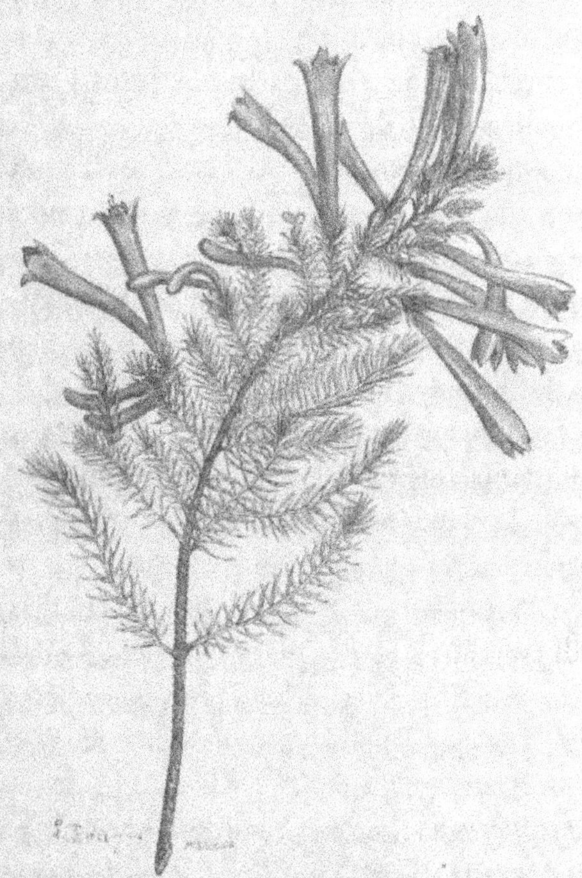

Grav. 55. — Bruyères et Camellias.

elles s'enracineront; il ne faut pour cela que du
temps et de la patience.

Boutures de plantes grasses. — Je vous dois encore quelques instructions sur un autre genre de boutures qu'on manque assez souvent, et qui pourtant, lorsqu'elles sont bien dirigées, ne peuvent manquer de s'enraciner : je veux parler des plantes grasses, particulièrement des Cactus. Les feuilles et la tige étant, comme je vous l'ai dit, chez ces singulières plantes, un seul et même organe, on en peut détacher un fragment, même fort petit, et en faire une bouture qui s'enracinera moyennant deux précautions desquelles dépend tout le succès de l'opération. En premier lieu, et c'est le point le plus important, ne mettez jamais en terre une bouture de plante grasse au moment où vous venez de la détacher de la plante mère. Déposez-la sur une planche d'armoire où vous la laisserez pendant deux ou trois jours. Si pendant ce temps la bouture se flétrit et qu'elle semble à moitié morte, que cela ne vous inquiète pas; elle n'en sera que plus disposée à s'enraciner promptement. La seconde attention, d'une importance presque égale à celle de la première, c'est celle de ne pas trop mouiller la terre des pots dans lesquels on veut bouturer des plantes grasses. Cette double prescription s'applique à toutes les plantes grasses, sans exception, aux Ficoïdes, aux Sedums et aux Agavés (grav. 54), aussi bien qu'aux

Grav. 54. — Agavés.

Cactus. On ne se forme pas généralement une idée exacte de l'énergie de vitalité de ces plantes; il y a dans Paris des amateurs peu favorisés de la fortune, qui entretiennent à peu de frais au complet leurs collections de Cactus et d'autres plantes grasses, rien qu'en ramassant pour les utiliser comme boutures les rognures de ces plantes chez les jardiniers fleuristes de leur connaissance, lorsque ceux-ci doivent *parer* leurs plantes pour la vente, c'est-à-dire, en retrancher tout ce qui pourrait les déparer et leur donner mauvaise tournure. Je le répète, quand ces boutures ne s'enracinent pas, c'est qu'on n'a pas attendu pour les mettre en terre que la coupure fût suffisamment ressuyée, ou bien qu'on a un peu trop mouillé la terre des pots, deux fautes qu'il est toujours très-facile d'éviter.

Boutures de feuilles d'Oranger. — Les boutures dont je viens de vous parler sont de celles dont le succès est certain; non pas que toutes s'enracinent à souhait, mais on peut toujours compter sur un certain nombre de jeunes plantes obtenues par ce procédé dans la serre de salon. Vous en pouvez essayer d'autres, d'un résultat moins assuré, mais qui néanmoins s'enracinent assez souvent; ce sont les boutures de feuilles d'Oranger et de Citronnier. Détachez vers le mois d'août une douzaine de ces

feuilles, sans les couper, c'est un point essentiel ;
bouturez chacune d'elles dans un petit pot que vous
placerez dans la serre de salon ; quelques-unes de
ces feuilles prendront racine et vous donneront de
jeunes Orangers d'autant plus agréables à élever que
vous n'aurez pas besoin de les greffer, attendu qu'un
sujet de bouture reproduit toujours exactement l'espèce, variété ou sous-variété de la plante dont la
bouture a été détachée. Je vous fais observer à ce
propos que la plus agréable variété d'Oranger qu'on
puisse cultiver dans l'appartement, l'Oranger de la
Chine, à feuilles de Myrte, dont j'ai déjà eu l'occasion de vous signaler les qualités recommandables,
est excessivement difficile à multiplier par bouture
de feuilles, si difficile, que ce n'est même pas la
peine d'essayer. Semez en pot dans la serre de salon
des pepins de Citron ou d'Orange bien mûre ; presque tous lèveront. Transplantez chacun dans un
pot les jeunes arbustes nés de ces semis ; faites-leur
passer la belle saison à l'air sur le balcon. Au bout
de deux années, ils auront acquis le diamètre d'un
tuyau de plume. Alors, vous pourrez les greffer,
et avoir ainsi, au lieu d'Orangers destinés à devenir des arbres impossibles à conserver chez vous,
même sur le balcon, de charmants petits Orangers
chinois nains, qui ne grandiront pas, fleuriront

beaucoup, et ne vous donneront que de l'agrément.

C'est aussi dans la serre chaude de salon que vous pouvez multiplier de bouture avec le plus de facilité ces charmants petits rosiers tout à fait nains, du Bengale et de la Chine, qui peuvent produire un si gracieux effet soit sur l'étagère, parmi les plantes grasses, soit sur la cheminée, au milieu des oignons à fleurs, soit même dans la jardinière, au-dessous des plantes et arbustes de plus grandes dimensions. Les boutures de ces rosiers s'enracinent très-facilement dans de petits pots remplis de terre de bruyère; vous les transplanterez dans des pots un peu plus grands, dès que les jeunes rosiers auront formé assez de bonnes racines; ce changement de domicile ralentira leur croissance, que vous retarderez encore en les plaçant dans la serre froide d'appartement. Au moment où vous voudrez les voir pousser activement et bien fleurir, tout en restant aussi nains qu'ils peuvent l'être, vous les remettrez pour dix ou quinze jours dans la serre chaude; puis ils iront occuper leur place définitive sur l'étagère, la cheminée ou la jardinière, et vous n'aurez qu'à vous louer de leur bonne conduite.

Greffe des jeunes Orangers. — Je ne vous ai presque rien dit encore de la greffe, l'une des plus importantes opérations du jardinage; c'est qu'il y a

peu de greffes que vous puissiez pratiquer avec succès dans le jardin sur la fenêtre, sur le grand balcon, sur la terrasse, ou même dans le petit jardin,
tel qu'il est possible de l'avoir à l'intérieur des
villes; il vaut mieux acheter tout greffés le peu
d'arbres fruitiers et les quelques rosiers dont vous
pouvez avoir besoin. Quant aux greffes que vous
pouvez faire dans l'appartement, à l'aide de la serre
de salon, c'est différent; ce genre de greffe ne peut
manquer de vous intéresser, et je me fais un devoir de vous en apprendre tout ce que vous avez
besoin d'en savoir. Je vous ai recommandé d'élever
de semis ou de bouture le plus possible de jeunes
sujets d'Orangers, et de greffer sur ces sujets, lorsqu'ils auront atteint l'âge de dix-huit mois à deux
ans, de jeunes pousses d'Oranger de la Chine. Ce
genre de greffe n'a réellement en lui-même rien de
bien difficile; mais on ne peut espérer d'y réussir
qu'avec une attention scrupuleuse apportée à tous
les détails de l'opération. Choisissez d'abord sur le
sujet, autant que possible vers le milieu de sa hauteur, une feuille bien saine et bien formée. Dans
l'aisselle de cette feuille il y a un œil qui, si vous
le laissiez à sa place, deviendrait avec le temps un
rameau latéral. Armez-vous d'un bon canif tout
fraîchement repassé, et par deux incisions en biais,

l'une au-dessus de l'œil, l'autre au-dessous, vous détacherez ainsi l'œil en respectant la feuille, et la tige du sujet ne devra être entamée qu'à la moitié environ de son diamètre. Je suppose qu'à vos premiers essais il vous arrivera quelquefois de couper trop avant, de faire tomber la feuille, ou même de couper, sans le vouloir, la tête du jeune Oranger. Il ne sera pas perdu pour cela, il repoussera du bas de la tige, et vous aurez seulement retardé sa croissance; mais un jeune sujet d'Oranger ou de Citronnier de semis a la vie dure; il ne meurt pas pour si peu qu'une tête coupée. Si vous avez déployé assez d'adresse en pratiquant l'entaille dans le sujet, selon mes indications, coupez sur un Oranger de la Chine un petit rameau, à peu près du même diamètre que le sujet; ne laissez à ce rameau qui doit servir de greffe qu'un œil ou deux au-dessus de la coupe; retranchez son extrémité supérieure; taillez en forme de coin son extrémité inférieure, de façon qu'elle s'adapte le plus exactement possible dans l'entaille du sujet; appliquez-la aussitôt, et maintenez-la par une ligature, afin qu'elle ne se dérange pas jusqu'au moment où la soudure de la greffe sur le sujet sera opérée.

Je dois vous faire observer que le premier fil venu n'est pas bon pour ce genre de ligature; vous

ne pouvez y employer que du fil de laine non tordu,
et voici pourquoi. Si votre ligature n'est point assez serrée, la greffe sera mal assujettie ; l'air passera dans l'entaille entre la greffe et le sujet, et la
greffe ne prendra pas. Si vous serrez trop fort, la
ligature s'opposera à la libre circulation de la séve ;
selon l'expression usitée par les jardiniers, vous
aurez *étranglé* la greffe. C'est ce qui vous arrive-
rait plus souvent qu'à votre tour si vos ligatures
étaient faites avec du fil, du coton ou de la soie ;
la laine seule est assez souple pour se détendre
d'elle-même, dans le cas où la ligature de la greffe
serait trop fortement serrée.

Greffe à la Pontoise. — Ne laissez pas les jeunes
Orangers greffés sortir de la serre chaude jusqu'à
ce que les greffes recommencent à pousser, seule
marque certaine de leur reprise ; donnez-leur ensuite de l'air, d'abord dans la chambre, puis sur le
balcon, quand l'état de la température extérieure
le permettra, et vous les verrez croître et fleurir
abondamment après que vous aurez supprimé toute
la tête du sujet au-dessus de la greffe, laquelle deviendra la tête de l'arbuste greffé. Vous pouvez
même les voir fleurir tout de suite, ce qui vous sera
encore plus agréable. Dans ce but, vous laisserez
quelques-uns de vos sujets de semis vieillir un an

ou deux de plus que ceux qui doivent être greffés de côté, comme je viens de vous l'indiquer. Vous ferez choix, pour servir de greffe, d'un rameau chargé de boutons près de fleurir ; vous opérerez de point en point comme ci-dessus ; vous chaufferez un peu fort la serre de salon où les sujets greffés auront été placés en attendant la reprise des greffes, et les rameaux greffés conserveront leurs boutons, qui, dès que la greffe aura repris, s'empresseront de s'épanouir. C'est par cette greffe, connue des jardiniers sous le nom de greffe à la Pontoise, que les jardiniers fleuristes de Paris fournissent au public à des prix très-peu élevés, un nombre prodigieux de petits Orangers chargés de fleurs, dont la tige n'est pas plus grosse qu'un porte-plume ordinaire, et dont la hauteur ne dépasse pas 20 à 25 centimètres.

C'est encore de la même manière, mais en prenant pour greffe un rameau dépourvu de boutons, que vous greffez au besoin toutes les espèces de Camellias. Cette greffe vous sera d'autant plus nécessaire que la mode exerce son empire sur les Camellias comme sur vos robes et vos chapeaux. Si, par exemple, vous avez multiplié de bouture des Camellias appartenant à des espèces qui seront passées de mode au moment où les jeunes arbustes commenceront à fleurir, greffez-y de côté des rameaux d'espèces plus nouvelles ou plus recherchées ; ces greffes reprendront sans difficulté ; mais il faudra, avant de leur donner de l'air, les laisser un peu plus longtemps dans la serre chaude de salon que vous ne devez y laisser les Orangers de semis, greffés soit de côté, soit à la Pontoise.

La serre-hôpital. — En été, quand la plupart des plantes de votre serre chaude d'appartement se fortifient en prenant l'air sur le balcon, cette serre ne doit pas pour cela rester vide ; logez-y temporairement toutes celles de vos plantes assez petites pour qu'elles puissent y tenir à l'aise, et qui sont tant soit peu fatiguées, soit d'une floraison très-abondante, soit d'un séjour trop prolongé dans l'atmosphère peu favorable d'une chambre habitée, soit enfin parce qu'il vous sera arrivé de les oublier sur le balcon un jour de grande pluie ou de froid imprévu ; la serre chaude portative deviendra pour ces plantes une serre-hôpital, où elles ne tarderont pas à se rétablir.

CHAPITRE VIII

Arbres fruitiers forcés dans l'appartement. — Je n'ai pas besoin de vous dire qu'en vous offrant mes conseils quant à la production de quelques fruits forcés dans l'appartement, ce n'est point une spéculation que je vous propose. Il ne s'agit, en effet, que de forcer quelques arbres fruitiers et quelques plantes à fruits comestibles, à titre d'amusement, rien de plus. Néanmoins je vais vous montrer qu'avec un peu de peine, qui ne doit être pour vous qu'un plaisir, il vous est possible de récolter dans votre chambre bien plus de fruits forcés que vous ne sauriez le croire avant d'en avoir fait l'expérience.

Le plus facile de tous les fruits à forcer [dans l'appartement, c'est la Fraise. Vous pouvez choisir à cet effet dans trois espèces de Fraisiers, tous les trois précoces et très-fertiles sous l'influence de la chaleur artificielle: ce sont l'Écarlate de Virginie, le Fraisier des Alpes remontant, dit des quatre saisons, et le Fraisier Prince Impérial, avec lequel je vous ai déjà fait faire connaissance. (Voyez ch. III, fig. 11.) La Fraise écarlate de Virginie se recommande par son extrême précocité; à l'air libre, elle fleurit et mûrit huit à dix jours avant toutes les autres; son volume est intermédiaire entre celui de la Fraise des Alpes et celui de la Fraise Prince Impérial. Quelle que soit l'espèce de Fraisiers que vous adopterez, mettez en pots de bonne heure, en automne, du plant de Fraisier provenant des premiers coulants de l'année. Donnez à ce plant une terre très-substantielle, arrosée avec un peu d'eau grasse provenant du lavage de la vaisselle. Ne mettez pas plus de quatre plants dans chaque pot de grandeur moyenne. Tenez-les dans une chambre sans feu jusqu'au moment où vous voudrez les forcer, et, si vous en avez une douzaine de pots, ne les forcez pas tous à la fois, d'abord parce que dans la chambre habitée vous en seriez encombrée et ne sauriez trop où les placer, ensuite parce qu'il vous sera bien plus agréable de cueillir successivement cinq ou six Fraises mûres sur l'appui de votre cheminée ou sur votre guéridon, que d'en avoir plein un saladier en une seule fois, et de vous en passer jusqu'au mois de mai ou de juin.

Il ne faut forcer les Fraisiers en pots que par degrés. En sortant d'une chambre sans feu, vous les placerez pour quelques jours dans la chambre chauffée, le plus loin possible du foyer; lorsqu'ils commenceront à bien végéter, vous les placerez sur un meuble plus rapproché de la cheminée; enfin, quand les tiges florales seront chargées de boutons de fleurs près de s'ouvrir, vous les mettrez définitivement en place sur la cheminée même, et les Fraisiers y resteront jusqu'après la maturité de leurs dernières Fraises, que vous pourrez récolter ainsi pendant tout l'hiver, jusqu'en mars, qui, sous le climat de Paris, appartient tout entier à l'hiver. Pendant toute la durée de leur séjour dans l'appartement chauffé, les Fraisiers forcés seront arrosés régulièrement trois ou quatre fois par jour, en leur donnant peu d'eau à chaque arrosage, afin que la terre des pots soit toujours fraîche sans excès d'humidité. Quand vous cueillerez vos Fraises, n'oubliez pas de couper avec une paire de ciseaux le support attaché à la tige à laquelle tiennent encore d'autres Fraises à demi mûres, et même des fleurs et des boutons de fleurs : sans cette précaution, la présence sur la tige du support de la Fraise, qui ne tarderait pas à s'y dessécher, causerait à la plante un tort irréparable ; les Fraises en voie de formation ne grossiraient plus, et vous n'auriez à récolter qu'une Fraise par tige, au lieu de trois ou quatre que vous pouviez avoir.

Framboisiers. — Les Framboisiers peuvent être forcés à peu près par le même procédé que les Fraisiers. On sait que les tiges bisannuelles du Framboisier meurent tous les ans après avoir porté fruit, et que de jeunes pousses les remplacent pour donner la récolte de l'année suivante. Mettez dans un très-grand pot ou dans une caisse une belle touffe de Framboisier dès la fin d'octobre. Retranchez environ le tiers de la longueur des pousses annuelles qui forment cette touffe, et qui n'ont pas encore porté fruit ; la partie réservée ne tardera pas à entrer en végétation dans la chambre sans feu où vous déposerez les Framboisiers pendant vingt à vingt-cinq jours. Au bout de ce temps, ils doivent déjà montrer leurs boutons à fleurs. Placez alors leurs caisses le plus près possible des fenêtres, car ils ont autant besoin de lumière vive que de chaleur. Les Framboises ne tarderont pas à se former, et elles

arriveront à maturité au milieu de la mauvaise saison, circonstance qui contribuera assurément à vous
les faire trouver meilleures.

Groseilliers. — Pour faire pendant à vos caisses
de Framboisiers, en supposant que votre chambre
soit éclairée par deux fenêtres, placez en regard
d'un Framboisier un Groseillier élevé en caisse, faisant partie de la garniture du jardin sur le balcon.
Vous pouvez, par exemple, mettre à un angle d'une
fenêtre un Groseiller à fruit blanc, faisant vis-à-vis
à un Framboisier à fruit rouge, et à l'autre fenêtre,
un Groseiller à fruit rouge, en regard d'un Framboisier à fruit blanc. Une fois là, vous n'avez plus
à vous en occuper que pour les arroser modérément soir et matin, et pour retourner les caisses
tous les deux jours, afin que toutes les parties de
l'arbuste profitent également de la lumière, dont il
a un indispensable besoin. Sur le Groseillier forcé
de cette manière vous ne récolterez pas de Groseilles mûres avant la fin d'avril; mais, à cette époque
de l'année, vous serez encore loin de l'époque naturelle de la maturité des Groseilles à l'air libre, et
vous devez aussi tenir compte du plaisir que vous
aurez eu tout l'hiver à voir vos Groseilliers fleurir
et leurs fruits changer de couleur. Notez, je vous
prie, que cette manière de forcer le Groseillier dans

une chambre chauffée ne peut vous donner le résultat que vous en devez espérer, si les Groseilliers
sont arrachés et mis en caisse au moment où vous
vous proposez de les forcer. Le Groseillier, quoique
très-vivace, est un arbuste qui ne supporte pas la
transplantation sans en souffrir plus ou moins,
même lorsqu'on le change de place en pleine terre,
fût-ce pour le faire passer d'un sol médiocre dans
un meilleur. Il faut donc, pour qu'un Groseillier
forcé se comporte bien, qu'il ait été mis en caisse
depuis un an pour le moins, ou mieux, qu'il ait
été élevé en caisse dans le but de le forcer. Ceux
qui se trouvent dans cette dernière condition peuvent, pendant un nombre d'années indéterminé,
être forcés tous les deux ans et abandonnés dans
l'année d'intervalle au cours naturel de leur végétation; ils ne s'en porteront que mieux, et n'en seront que plus productifs.

Voici encore une petite expérience que je vous
engage à faire avec une branche de Groseillier que
vous choisirez suffisamment chargée de boutons à
fruits. Plongez cette branche, vers la fin de décembre, dans une carafe pleine d'eau pure. Au bout de
quelques jours, les yeux à bois s'ouvriront et produiront des feuilles; les boutons à fleur s'ouvriront à leur tour, et fleuriront comme si la branche

de Groseillier était restée sur le buisson d'où vous l'avez détachée. Les fleurs ne noueront pas toutes, et celles qui noueront ne donneront pas toutes des Groseilles bien formées et de leur volume normal; mais enfin, ce seront des Groseilles, et, quand même vous n'en auriez que quelques grappes à demi mûres et faiblement colorées, ce serait encore un curieux résultat que ces feuilles, ce bois, ces fleurs et ces fruits, formés aux dépens d'une carafe d'eau et de l'air de votre chambre, décomposé par les parties vertes d'une branche de Groseillier végétant sans terre et sans racines. Si vous voulez pousser l'expérience jusqu'au bout, retirez de l'eau la branche de Groseillier, rognez 4 à 5 centimètres de son extrémité inférieure, et mettez-la, comme une bouture, dans un pot rempli de bonne terre que vous placerez sur un balcon à l'ombre, et que vous aurez soin de bien arroser; la bouture s'enracinera, et si vous taillez très-court ses branches latérales en hiver, la branche bouturée poussera vigoureusement au printemps de l'année suivante. Vous pourrez ensuite, à volonté, forcer le nouveau Groseillier, ou le laisser croître, fleurir et fructifier à l'air libre.

Cerisiers nains forcés. — De tous les arbustes à fruits que vous pouvez prendre plaisir à forcer dans votre chambre, et que vous pouvez préférer au

Groseillier, car vous ne pouvez guère avoir les deux à la fois, le plus agréable est le Cerisier. Donnez la préférence à l'une des espèces que je vous ai déjà signalées (chap. IV, page 95), et procurez-vous chez un pépiniériste l'un de ces Cerisiers le plus nain possible, cultivé en pot ou en caisse depuis un an pour le moins. Si vous possédez un petit jardin, je vous livre un petit secret dont je vous autorise à tirer le meilleur parti possible. Achetez quelques Cerisiers à fruit doux, à branches droites, greffés bas, près de terre, comme pour les conduire en espalier. Ne leur laissez à chacun qu'une branche, comme si vous vouliez leur former une tête à haute tige. Après la chute des feuilles, incisez cette tige unique, de haut en bas, en biais, à la moitié environ de son épaisseur. Couvrez la coupure d'un linge maintenu par une ligature, et taillez le Cerisier à 60 ou 80 centimètres au-dessus de sa greffe; puis, mettez-le dans un pot ou dans une caisse, et laissez-lui passer en cet état une année à l'air libre. Le Cerisier ainsi traité ne grandira plus; il ne produira que de petites branches latérales courtes et toutes chargées de boutons à fruits. L'année suivante seulement, forcez ce Cerisier dans la chambre chauffée, en procédant de point en point comme pour forcer le Groseillier. Les Cerisiers nains ainsi traités ont peu d'avenir, ils ne doivent vivre que quelques années, et ne peuvent être forcés qu'une seule fois; mais ils ont donné, sous des dimensions réduites, une récolte très-abondante d'excellentes cerises; c'est tout ce que vous pouvez raisonnablement leur demander. Notez que presque tous les Cerisiers nains forcés dans les serres ont été rendus nains par le même procédé.

Quand vous aurez un Groseillier ou un Cerisier bien chargés de fruits mûrs, invitez vos amis à dîner, et, au dessert, faites passer autour de la table par votre domestique la caisse renfermant l'un de ces jolis arbustes, et engagez les dames à cueillir elles-mêmes la part la plus intéressante de leur dessert. Si la table est assez grande et qu'elle réunisse un assez grand nombre de convives, vous pouvez, en masquant la surface des pots sous un papier plissé et découpé, les faire figurer au centre de la table du dessert, entourés de quelques vases remplis de fleurs; il en seront le plus bel ornement.

Ananas cultivé dans l'appartement. — J'aborde une autre culture plus difficile sans être beaucoup plus dispendieuse, culture que peu d'amateurs entreprennent, ne pensant pas qu'elle puisse réussir dans un appartement; je veux parler de la culture de l'Ananas. Il est possible que vous ayez vu des

Ananas mûrs à l'étalage des glaciers, des confiseurs ou des marchands de comestibles; il est probable que vous n'en avez jamais goûté; c'est une raison de plus pour que je vous engage avec instance à en tenter la culture. Armez-vous seulement de beaucoup de patience. Chez les jardiniers de profession, la culture de l'Ananas dure de dixhuit-mois à deux ans; c'est le temps le plus court au bout duquel il soit possible d'en obtenir des fruits mûrs. Dans votre appartement, vous n'en obtiendrez guère qu'au bout de trois ans; mais qu'importe, si vous réussissez? Et je puis vous promettre que vous réussirez, si vous suivez de point en point mes indications. Les Ananas que vous obtiendrez ne seront pas de toute première qualité; ils ne soutiendront la comparaison ni pour la saveur, ni pour le volume, avec ceux qui ont pu, aux étalages des marchands, vous faire commettre le péché d'envie; mais, bien qu'il puisse y en avoir de meilleurs, comptez que ceux de vos amis à qui, après trois ans de soins, vous en offrirez une tranche, les trouveront excellents. Mettez-vous donc courageusement à l'œuvre, et le succès, malgré les difficultés de l'entreprise, couronnera vos efforts.

D'ailleurs, avant d'en commencer la culture, je crois devoir vous avertir d'une chose, c'est que vos

Ananas, bien que de seconde qualité seulement, seront aussi bons pour le moins que ceux dont on expédie de pleines cargaisons, en les emballant dans de la glace, et qui arrivent tous les ans à Londres, de l'île d'Éleuthéra, l'une des îles Lucayes, ou de Bahama. Les navires qui doivent les emporter sont allés d'abord chercher de la glace au Canada ; de là ils sont revenus prendre les Ananas à Éleuthéra, et ils ont fait voile pour Londres, où les Ananas sont, à leur arrivée, vendus aux enchères publiques, ainsi que la glace parfumée dans laquelle ils ont voyagé. Mais ces Ananas sont petits et de peu de valeur, n'ayant reçu sur leur sol natal aucun soin de culture ; ils n'approchent pas de ceux qu'une culture savante sait faire naître dans les serres d'Europe ; ils sont enfin, je le répète, inférieurs même à ceux que peut vous donner la culture dans l'appartement ; ceci soit dit à titre d'encouragement.

Il faut en premier lieu vous procurer de la terre à Ananas ; tous ceux qui cultivent ce roi des fruits vous vendront de cette terre à juste prix ; il ne s'agira plus que de vous procurer du plant. Vous pouvez, à votre choix, procéder par semis ou par plantation. Les Ananas cultivés dans les serres donnent assez souvent des graines fertiles qu'on peut semer pour en obtenir du plant ; mais, quand on procède de cette manière, comme le jeune plant d'Ananas de semis se développe très-lentement, on perd une année, et l'on allonge ainsi d'un an la durée d'une culture déjà trop longue. Les semis de graines d'Ananas ne sont réellement à leur place que dans les serres des jardiniers de profession qui se sont fait une spécialité de la culture de l'Ananas. Ils sèment beaucoup de graines d'Ananas, et ils font bien ; car les meilleures variétés d'Ananas qui sont actuellement dans le commerce de l'horticulture ont été obtenues de semis.

Couronne de l'Ananas. — Ce moyen rejeté, il vous reste le choix entre les œilletons et les couronnes. Les œilletons naissent au bas de la tige de l'Ananas, ni plus ni moins que ceux du vulgaire Artichaut ; les couronnes sont le bouquet de feuilles charnues qui surmonte le fruit, et qui peut servir de plant, de même que les œilletons. C'est une couronne que je vous engage à choisir, et voici pourquoi. Si vous achetez une couronne d'Ananas chez un glacier ou un confiseur qui ne vous la vendra pas très-cher, vous verrez le fruit dont cette couronne aura fait partie. Vous pourrez choisir la couronne d'un Ananas très-volumineux et très-parfumé ; vous savez d'avance que celui que vous en obtiendrez ne lui ressemblera que de loin, mais il sera toujours plus gros et meilleur que si la couronne que vous planterez provenait d'un Ananas petit et de qualité secondaire. Si vous achetez un œilleton au lieu d'une couronne, il se peut que le hasard vous serve bien et qu'on vous vende du plant d'une très-belle et très-bonne espèce ; mais vous n'avez à cet égard aucune garantie, et le contraire est également possible. Puisque je vous engage à préférer une couronne à un œilleton, je dois vous expliquer ce que c'est que la couronne de l'Ananas. Lorsque après deux années de culture vous verrez sortir du centre de la touffe de feuilles de l'Ananas une tige florale chargée de nombreuses fleurs rangées régulièrement en touffe tout autour de la tige, vous serez étonné de la manière dont se forme le fruit qui succède à ces fleurs. D'abord chaque fleur donne naissance à un très-petit fruit isolé qui grossit rapidement, de sorte que tous les fruits finissent par se toucher. Quand ils en sont là, comme ils continuent à grossir jusqu'à leur maturité, ils se soudent les uns aux autres, et finissent par ne faire à eux tous qu'un seul fruit, entourant la tige, qui disparaît et se fond pour ainsi dire au centre de ce fruit composé. Quant à la touffe de feuilles par laquelle se termine la tige, disposition qu'on retrouve chez la Fritillaire ou Couronne Impériale, elle subsiste au-dessus du fruit ; c'est ce que les jardiniers ont nommé la couronne de l'Ananas.

Allez donc rendre visite à un confiseur ou bien à un glacier, et achetez-lui une couronne d'Ananas, achetez-en même deux pendant que vous y êtes, afin de n'y pas revenir, si l'une des deux refuse de s'enraciner, ce qui arrive quelquefois. Gardez-vous de planter la couronne aussitôt après qu'elle est séparée du fruit, elle pourrirait et ne s'enracinerait pas. Il faut la traiter comme une plante grasse qu'elle est réellement, et la laisser cicatriser sa plaie pendant quelques jours, après quoi, en arrosant modérément la terre du pot où elle est plantée, elle formera de jeunes racines et se mettra à végéter d'autant plus vigoureusement que votre appartement sera mieux chauffé. Placez le pot contenant votre Ananas sur un meuble où la place ne manque pas à la plante pour se développer à l'aise ; car, au bout de quelques mois, ses feuilles auront pris un grand développement en s'écartant dans tous les sens, et il importe qu'elles ne soient pas gênées dans leur croissance.

Lavage des feuilles. — C'est ordinairement à l'âge d'un an que les Ananas sont attaqués d'une sorte de gallinsecte analogue à la cochenille, qui se multiplie avec autant de rapidité que le puceron, se répand sur toutes les feuilles, les suce, et finirait par faire périr la plante, si vous ne vous hâtiez d'y mettre ordre. Faites une forte infusion de tabac ; le meilleur pour cet usage est le plus fort, celui que les fumeurs connaissent et estiment sous le nom de tabac de caporal. Laissez refroidir cette infusion ; imbibez-en une éponge douce et lavez-en les feuilles de l'Ananas l'une après l'autre, dessus et dessous, jusqu'à ce que tous les insectes aient disparu. Pendant cette opération, que vous répéterez à plusieurs reprises pour vous assurer que l'ennemi est complétement anéanti, prenez bien garde de vous couper les doigts : les bords des feuilles de l'Ananas sont tranchants comme des lames de rasoir récemment affilées ; néanmoins, avec beaucoup d'attention et un peu d'adresse, vous réussirez à effectuer sans vous blesser cette indispensable toilette des feuilles de votre Ananas.

Rempotage. — Le voilà parvenu à la fin de sa première année. C'est pour la plante une époque critique ; elle languit, et sa croissance éprouve un temps d'arrêt : dépotez-la, et vous en connaîtrez la cause. Les racines ont envahi et pour ainsi dire absorbé toute la terre, elles se sont repliées sur elles-mêmes et ne trouvent plus à leur portée de nourriture suffisante. La vue de ce paquet de racines vous effraye; comment loger dans votre chambre un pot assez grand pour les contenir à l'aise et leur fournir de quoi vivre? Ne vous en embarrassez pas; armez-vous d'un bon couteau, et retranchez toutes les racines, afin que la plante se retrouve précisément, sauf son accroissement, dans le même état où elle était au moment où vous l'avez traitée comme une bouture; c'est encore ce qu'il faut faire de l'Ananas d'un an de plantation. Déposez-le pendant quelques jours étendu tout de son long sur une table ou une commode, et, quand la coupure vous semblera suffisamment séchée par le contact de l'air, remettez la plante dans le même pot, dont vous aurez en entier renouvelé la terre, sans y mêler aucune portion de celle qu'il avait reçue en premier lieu. Arrosez largement l'Ananas ainsi privé de ses racines et rempoté, il ne tardera pas à en faire de nouvelles; nettoyez-le comme il est dit ci-dessus, pour le délivrer de la poussière et des insectes. A la fin de la seconde année, il commencera à vous donner non pas un fruit, mais l'espérance d'un fruit; c'est-à-dire que vous verrez un rudiment de tige florale se former au centre de ses feuilles, qui auront pris un très-grand accroissement.

L'Ananas, pour qu'il puisse à sa seconde année

former une tige florale dans une chambre habitée, n'en doit pas sortir, même dans la belle saison, si ce n'est durant les journées les plus chaudes de l'été. Mais, même pendant la canicule, ne lui laissez jamais passer la nuit dehors sur le balcon, un orage pourrait survenir, et le succès acheté par tant de soins et une si longue attente serait compromis.

À la fin de la seconde année, rempotez l'Ananas, soit qu'il marque, soit qu'il n'ait encore que des feuilles, et donnez-lui de nouvelle terre dans un pot un peu plus grand que le précédent, après avoir, comme au premier rempotage, supprimé toutes les racines et laissé se cicatriser la plaie résultant de cette sévère amputation.

Quand votre Ananas a subi cette dernière épreuve, qu'il en a triomphé, qu'il a formé son troisième faisceau de racines, et qu'il en est à la troisième reprise de sa végétation, le succès est certain. C'est alors que vos soins seront récompensés et que vous éprouverez le plus vif plaisir à voir de jour en jour s'allonger la tige florale de l'Ananas, se développer ses boutons, ses fleurs, et enfin son fruit, d'abord vert ou d'un ton violet, selon la variété à laquelle il appartient, puis enfin de ce jaune particulier qu'on pourrait nommer jaune-ananas. Ne vous hâtez

pas trop de le cueillir avant qu'il soit aussi mûr
qu'il peut le devenir sous l'influence de la température qui règne dans votre appartement. Sa pleine
maturité s'annoncera d'ailleurs suffisamment d'elle-
même par l'odeur suave qu'il exhalera, odeur tellement prononcée, que, dans les derniers temps,
vous ne pourriez, sans inconvénient pour votre
santé, le garder dans la chambre à coucher.

Voilà votre Ananas mûr; il faut le cueillir et le
manger sans tarder plus longtemps, sous peine de
le voir pourrir sur sa tige. Il vous semble que c'est
presque dommage, et c'est avec une sorte de sentiment de regret que vous vous décidez à livrer à la
consommation ce fruit d'une plante à laquelle, en
la soignant depuis sa naissance pendant trois longues années, vous n'avez pas pu ne pas vous attacher.

DEUXIÈME PARTIE

AQUARIUM ET POISSONS

Les plantes aquatiques dans l'aquarium. — Propagation de ces plantes.
Leur floraison. — Poissons et coquillages vivant dans l'aquarium.

L'origine de l'Aquarium. — Quoique les appareils connus sous le nom d'*Aquariums*, et destinés à la culture des plantes aquatiques d'eau douce ou d'eau de mer, commencent à être assez répandus, beaucoup d'entre les lecteurs se demanderont probablement : Qu'est-ce qu'un Aquarium? C'est ce que je viens de vous dire, et je me hâte d'ajouter qu'il y en a de toutes les dimensions, de tous les prix, et qu'ils sont, pour ainsi dire, à la portée de tout le monde. Cette invention de l'horticulture moderne a pris naissance en Angleterre, où elle a reçu son nom d'Aquarium ; je le maintiens, bien qu'en France quelques auteurs aient cru devoir donner à ce terme une physionomie française, en écrivant, au lieu d'Aquarium, *Aquaire*.

Vous n'avez pas d'idée de tout ce qu'on peut faire d'horticulture d'un genre entièrement neuf, et en dehors de toutes les données ordinaires de toutes les autres branches du jardinage, dans un Aquarium d'appartement. Je ne parle pas de ces bassins couverts d'une charpente en fer vitrée, et chauffés par des conduits de chaleur souterrains, dans lesquels on élève la gigantesque Victoria Regia, la plus grande des fleurs aquatiques de notre planète, et toute une escorte de plantes moins grandes, mais pourtant très-développées ; tout cela sort de mon sujet. Je ne les mentionne pour mémoire que parce que ce sont ces bassins qui ont les premiers reçu le nom d'Aquariums, et qu'ils ont été le point de départ de la grande faveur des plantes aquatiques et l'origine des Aquariums d'appartement.

L'Aquarium d'appartement. — J'admets d'abord la supposition la plus favorable : vous êtes riche, et vous habitez la campagne. Dans une de vos chambres du rez-de-chaussée vous établissez un Aquarium d'assez grandes dimensions. Si le local le permet, le bassin, formé de quatre glaces solidement réunies par un bon mastic, de manière à figurer une caisse plus longue que large, est adossé à une fausse fenêtre, de sorte que le jour venant du dehors passe à travers l'eau de l'Aquarium, ce qui permet d'y distinguer les moindres objets. Quand la distribution du local ne permet pas de prendre ces dispositions, on place au centre de la pièce une table un peu massive, supportée par quatre pieds droits en forme de colonnes; le bassin de glaces réunies par du mastic est posé sur cette table. Dans ces deux suppositions, le fond de l'Aquarium est garni d'une couche de terre glaise recouverte de sable fin.

Vous pouvez alors, selon vos moyens, vos goûts et les ressources locales, remplir à volonté l'Aquarium d'eau douce ou d'eau salée. L'eau de mer, soit naturelle, soit artificielle, offre le très-grand avantage de ne pas se corrompre, de sorte que vous pourrez ne la renouveler qu'à de longs intervalles; mais aussi, dans l'eau de mer, vous n'élèverez qu'un certain nombre de plantes marines non florifères, quoique du reste elles soient fort curieuses à étudier. Dans l'eau douce, au contraire, vous pouvez cultiver une multitude de plantes aussi riches de floraison que peuvent l'être les plantes terrestres les plus recherchées. Par malheur, l'eau douce, même la plus pure, se corrompt très-vite, surtout quand, dans un Aquarium d'appartement, vous êtes forcée de la maintenir constamment au degré de chaleur d'une serre tempérée. Tout votre appartement serait donc empoisonné et rendu inhabitable par l'odeur d'eau croupie, si l'eau contenue dans l'Aquarium à l'eau douce n'était incessamment renouvelée. Il faut pour cela qu'un tuyau de conduite d'eau, si votre Aquarium est installé vis-à-vis d'une fausse fenêtre, y introduise un filet d'eau de source, et que par une ouverture, invisible comme le tuyau pour ceux qui sont dans l'appartement, la même eau s'écoule au dehors, afin que l'Aquarium soit alimenté par un courant continu. La même nécessité existe pour l'eau douce de l'Aquarium placé sur une table au centre d'une pièce du rez-de-chaussée. Il faut que le tuyau de conduite d'eau passe par l'un des pieds de la table, que l'eau entre continuellement dans l'Aquarium, et qu'elle en sorte de même par une ouverture d'un diamètre égal à celui du tuyau de conduite qui la fasse parvenir au dehors en passant sous le plancher, à travers un autre pied de la table qui porte l'Aquarium. Tout cela coûte fort cher et occasionne beaucoup d'embarras;

aussi de tels Aquariums d'appartement ne peuvent-
ils être établis que par exception chez des amateurs
auxquels leur position de fortune permet d'en supporter la dépense.

Chez le commun des amateurs, un bassin de
verre d'environ 80 centimètres de long sur 40 à 50
de large, posé sur un guéridon, peut être monté
sans frais excessifs. L'eau n'en étant pas renouvelée
par un filet continu, doit l'être fréquemment au
moyen d'une petite pompe de jardin qui met en
quelques instants l'Aquarium à sec. Une modeste
seringue peut remplir le même office. L'eau enle-
vée est remplacée immédiatement par une égale
quantité d'eau fraîche. On a bien, malgré le soin
de renouveler fréquemment l'eau de l'Aquarium à
à l'eau douce, à supporter un peu d'odeur de ma-
récage, mais c'est un inconvénient inévitable quand
l'Aquarium est découvert. Les Aquariums décou-
verts, grands ou petits, sont toujours ceux qui ad-
mettent la culture du plus grand nombre de plantes
aquatiques.

L'Aquarium en miniature. — On peut néanmoins les remplacer par l'Aquarium que représente
la gravure 55. Cet appareil, d'assez petites dimensions, est essentiellement composé de deux cloches
de verre de la forme et de la grandeur des cloches

ordinaires de jardin, dites cloches à melons. L'une des deux, un peu plus grande que l'autre, est dans une position renversée, adaptée à un pied en verre

Grav. 55. — Aquarium en miniature.

suffisamment solide; la seconde est un peu plus petite que l'autre, afin que ses bords y puissent entrer facilement à quelques centimètres de profondeur. L'eau affleure le point de rencontre des deux cloches; et les plantes croissant dans l'eau de la cloche inférieure ont toute la cloche supérieure vide pour se développer au-dessus de la surface de l'eau. On comprend que dans un appareil semblable, qui se recommande seulement par son prix modéré et par le peu d'espace qu'il occupe dans l'appartement, on ne peut cultiver qu'un nombre très-limité de plantes aquatiques.

Plantes pour l'Aquarium d'eau douce. — Lorsqu'on dispose, au contraire, d'un Aquarium en forme de caisse découverte, seulement des dimensions ci-dessus indiquées, on y peut cultiver une grande variété de plantes, les unes très-belles de feuillage et de floraison, les autres extrêmement curieuses. Telle est en particulier la jolie petite Renoncule d'eau, dont les fleurs, de la même forme que celles de la petite Renoncule sauvage des prés à fleur simple, connue sous le nom de Bouton-d'Or, sont blanches avec une tache jaune à la base de chaque pétale. Vous n'avez pas besoin d'acheter cette plante, que d'ailleurs aucun jardinier n'aurait à vous vendre : promenez-vous dans la campagne, le long des ruisseaux aux eaux tranquilles, vous y verrez fleurir la Renoncule d'eau, et personne ne trouvera mauvais que vous en emportiez un ou deux pieds pour orner votre Aquarium. Si je vous recommande tout spécialement cette Renoncule, c'est à cause d'une particularité fort remarquable de sa végétation. Les graines mûres tombées au fond de l'eau, en raison de leur poids, y séjournent l'hiver sans s'altérer, et germent au printemps ; les jeunes plantes enfoncent leurs racines dans le sable ou dans la vase, et leurs tiges ne sont pas longtemps sans s'allonger pour arriver à la surface de l'eau. Tant qu'elles n'y sont pas parvenues, les feuilles de la Renoncule d'eau sont des filaments semblables à une sorte de chevelure verte ; mais, dès que l'un de ces filaments arrive à la surface de l'eau, il change de forme et presque de nature ; il s'élargit à son extrémité, s'étale, se divise, et devient une feuille flottante de la même forme que la feuille du Bouton-d'Or, seulement plus petite et plus mince. C'est du milieu d'une touffe de ces feuilles que vous voyez se dresser les tiges florales portant les boutons, qui ne tardent pas à s'épanouir en fleurs simples, mais d'un charmant effet, à 5 ou 6 centimètres au-dessus de la surface de l'eau de l'Aquarium.

Parmi d'autres plantes aquatiques d'ornement à floraison plus ou moins riche et élégante, il est indispensable d'en admettre un certain nombre qui sont à la fois jolies et nécessaires, parce qu'elles

possèdent la propriété précieuse de purifier l'eau
dans laquelle elles vivent, ou du moins d'en retar-
der la corruption. Celles qu'il est le plus facile de
se procurer sont la Vallisneria Spiralis, le Cérato-
phyllum, et l'Anacharsis Alsinastrum. Pour qu'elles
prospèrent, il est nécessaire de déposer au fond de
l'Aquarium une couche de quelques centimètres
d'épaisseur de boue d'étang desséchée et pulvérisée,
sur laquelle vous étendrez une couche de sable de
même épaisseur. Sans cette précaution, la boue
d'étang se mêlerait à l'eau, remonterait vers la surface et en troublerait la transparence. Au moyen
de cet aliment la végétation des plantes aquatiques
ci-dessus indiquées sera très-probablement beaucoup trop vigoureuse ; rien de plus facile que d'en
opérer le sarclage et de n'en laisser dans l'Aquarium que ce qui peut y rester sans porter préjudice
aux autres plantes qui doivent y vivre.

Parmi ces plantes, dont le jardinier fleuriste
vous donnera la liste, trop nombreuse pour pouvoir trouver place ici, je recommande à votre attention la Sensitive d'eau, charmant Mimosa nain,
qui flotte à la surface de l'eau dans laquelle plon-
gent ses racines ; les feuilles, de la même forme
que celles de la Sensitive terrestre, sont douées également de la propriété singulière de se replier sur

elles-mêmes lorsqu'on promène le doigt sur les extrémités de leurs folioles. Si vous voulez faire une curieuse application de la greffe herbacée, plantez dans un pot, que vous remplirez de bonne terre ordinaire de jardin, un pied de Phalaris roseau, plante commune au bord des eaux stagnantes et dans les prés marécageux; semez d'autre part quelques grains de Riz muni de son écorce dans un pot rempli de la même terre, et déposez les deux pots sous l'eau dans l'Aquarium. Au printemps, le Riz lèvera et la souche de Phalaris poussera en même temps. Quand les tiges de ces deux plantes seront assez développées et que l'épi du Riz sera bien formé, coupez à la place d'un nœud chacune des deux tiges; pratiquez dans le nœud du Phalaris une entaille dans laquelle vous introduirez le nœud de la tige du Riz, taillée en forme de coin; maintenez cette greffe herbacée par une ligature de laine, et fixez la plante greffée à un tuteur enfoncé dans la terre de son pot. La greffe se soudera immédiatement, la croissance de l'épi de Riz ira son train, et vous récolterez une pincée de grains de Riz très-bien formés sur une tige de Phalaris.

Poissons pour l'Aquarium à l'eau douce. — L'Aquarium étant garni de plantes de votre goût, selon ses dimensions, je vous engage à y mettre

quelques poissons, parmi lesquels je vous prie de
donner la préférence à l'Épinoche, plus connu sous
son nom vulgaire de Savetier. Avant de vous parler
des mœurs très-singulières de l'Épinoche, je dois vous
faire remarquer le genre tout spécial de services que
rend la présence de quelques poissons, n'importe lesquels, dans le bassin d'un Aquarium. Vous est-il arrivé quelquefois d'entrer dans une serre chaude en
été, dans une serre aux Orchidées, par exemple?
Vous avez pu remarquer qu'il n'y règne jamais aucune odeur d'eau croupie, et que pourtant, sous une
température de 20 à 25 degrés, la serre renferme
un bassin toujours plein d'eau destinée aux arrosages, en vertu du principe qui veut que l'eau,
avant de servir à arroser les plantes, ait été amenée
à la température de la serre. Dans le bassin, il y a
toujours une escouade de poissons rouges; ils ne
sont pas là pour le plaisir du jardinier, qui a bien
autre chose à faire que de passer son temps, comme
feu M. Musard, à contempler les évolutions des
poissons rouges; ils y sont pour empêcher l'eau
tiède de se corrompre. Vous ne vous êtes peut-être
jamais demandé comment l'eau la plus limpide finit
par se gâter et sentir l'eau croupie? Ce n'est pas
seulement par la décomposition des matières vé-
gétales qui peuvent se trouver en contact avec elle,

c'est principalement par la corruption des cadavres de ces milliers de petits animalcules aux formes bizarres, à l'existence incompréhensible, dont un fort microscope vous révèlerait la présence dans une petite goutte d'eau. Ces animalcules sont le fond de la cuisine de tous les petits poissons ; c'est en raison de la quantité prodigieuse que l'eau en contient qu'elle peut suffire seule à la nourriture des poissons, et vous comprenez maintenant comment, en absorbant et digérant les animalcules invisibles à l'œil nu, ils empêchent l'eau de se corrompre ; d'où je conclus qu'il vous faut des poissons dans votre Aquarium, et, puisqu'il vous en faut, je réitère mes instances en faveur de l'Épinoche. Je ne vous cache pas mon faible pour ce charmant petit poisson ; quand je vous en aurai dit les motifs, je pense que vous serez de mon avis.

Sans vouloir me permettre ici une digression sur les mœurs des poissons, je vous fais remarquer que les femelles de presque tous les poissons ne prennent aucun souci de leurs œufs ; leur prévoyance maternelle se réduit à pondre dans les eaux peu profondes, et suffisamment tranquilles pour que les œufs ne soient point entraînés par le courant, après quoi leur sort ne les regarde plus. Il arrive même, je suis fâchée d'avoir à le constater, qu'en vertu de

la loi qui veut que les gros mangent les petits, une
carpe, par exemple, qui n'a pas moins de trente-
deux mille petits tous les ans, consomme une grande
partie de son intéressante famille sans s'en apercevoir. Or le joli petit Épinoche, argenté et azuré,
armé sur le dos d'un piquant dont la forme rap-
pelle celle de l'alène du réparateur de la chaussure
humaine, d'où dérive son nom de Savetier ; l'Épinoche, dis-je, d'après des observations d'une au-
thenticité irrécusable, a des mœurs entièrement
différentes, et veille avec une tendre sollicitude sur
l'avenir de sa postérité. C'est un fait dont il ne tient
qu'à vous de vous assurer par vos propres yeux, si
vous voulez bien, à ma recommandation, admettre
deux Épinoches, un mâle et une femelle, dans votre
Aquarium. Vous les verrez d'abord, vers l'époque
de la ponte, se construire un nid avec toute sorte
de débris de plantes aquatiques ; puis, ce travail
fait en commun et la ponte des œufs opérée, le
mâle et la femelle, qui ne s'éloignent jamais l'un
de l'autre, monteront la garde dans le voisinage de
leur nid, sans le perdre de vue. A mesure que les
petits naîtront, ils se formeront en colonne et feront
leur éducation sous la conduite des auteurs de leurs
jours, comme une bande de jeunes cygnes est di-
rigée sur un bassin par son père et sa mère. Ces

mœurs si bizarres, si opposées à celles des autres poissons, ne sont-elles pas dignes de vous intéresser?

Admettez encore, pour animer votre Aquarium, un certain nombre de petites Crevettes d'eau douce. Vous les verrez pendant le jour s'élever vers la surface de l'eau et s'y tenir sur le dos, pour saisir au passage des animalcules que vous ne pouvez voir à l'œil nu, mais qu'elles distinguent parfaitement. Puis, vers le soir, vous verrez les Notonectes, c'est le nom savant de cet animal aquatique, se retirer au fond de l'Aquarium et s'y endormir du sommeil de l'innocence, en attendant qu'ils reprennent leur chasse aux animalcules le lendemain matin. De plus, si leur forme et l'apparence visqueuse de leur peau marbrée sous le ventre ne vous répugne pas, joignez aux poissons de l'Aquarium quelques Tritons ou Lézards aquatiques; ils vivront en bons voisins avec les Savetiers, et les mœurs et les allures de tout ce monde animé vous offriront incessamment un spectacle des plus curieux. Ne vous inquiétez pas de la nourriture des Tritons, ils sont aussi sobres que les Savetiers, et les animalcules leur suffisent. Si cependant vous désirez ajouter des Mouches à leur ordinaire, ils les recevront toujours avec un nouveau plaisir. Je ne vous engage pas,

croyez-le bien, à perdre votre temps à prendre des
Mouches pour les leur distribuer; ayez soin seulement
d'admettre parmi les plantes de votre Aquarium
un ou deux pieds de Rossolis, plante dont les fleurs
rougeâtres attirent les Mouches, qui viennent y chercher la mort. Les piquants dont est hérissée la fleur
du Rossolis à l'intérieur retiennent les Mouches
captives; la corolle se referme sur elles comme un
cercueil, et ne se rouvre que quand l'insecte a cessé
de vivre. Alors, son cadavre tombe dans l'eau, où
il devient la pâture des Épinoches et des Tritons.

Aquarium à l'eau de mer. — Je suppose que vous
désirez peupler votre Aquarium de plantes marines, et l'animer par la présence de divers animaux
marins. Si vous habitez un de nos départements ma-
ritimes, rien de plus facile que de vous procurer
de l'eau de mer. Je dois vous prévenir, pour peu
que votre habitation soit éloignée du rivage, que
l'eau de mer doit être transportée dans des cruches
de grès neuves ou dans des tonneaux également
neufs; si ces vases ont servi et qu'ils aient contracté une odeur quelconque ou une saveur étrangère, l'eau de mer y subira une altération qui la
rendra impropre à remplir votre Aquarium. Si
vous demeurez trop loin de la mer, ayez recours

à l'eau de mer artificielle, dont voici la recette :

Eau filtrée de rivière ou de source. . . .	8 litres 1/2.
Chlorure de sodium (sel de cuisine). . . .	210 grammes.
Sulfate de magnésie (sel d'Epsom). . . .	15
Chlorure de magnésium	20
Chlorure de potassium.	5

A Paris et dans toutes les grandes villes où il existe des établissements de bains, comme les médecins ont assez fréquemment l'occasion de prescrire l'usage des bains de mer, on trouve à un prix modéré de l'eau de mer artificielle, préparée selon la recette précédente. L'eau de mer artificielle vaut l'eau de mer naturelle, pour la conservation des plantes et celle des animaux marins ; M. Gosse a rempli de cette eau un Aquarium ; elle s'y est conservée pendant deux ans sans altération.

Dans l'Aquarium d'appartement rempli d'eau de mer, soit naturelle, soit artificielle, vous déposerez des fragments de roche couverts de Mousse marine, des galets ramassés au bord de la mer, des Algues, des Varechs, de la Zostère, et toute sorte d'autres productions marines, dont le développement, les formes bizarres, le mode particulier de végétation, observés à travers les murs transparents de l'Aquarium, sont une source d'amusement et de distractions des plus agréables.

Une foule d'animaux marins d'un ordre inférieur, des Huîtres, des Moules, des Pétoncles, des
Oursins, des Étoiles de mer, peuvent vivre dans
un Aquarium plein d'eau salée, en compagnie de
divers poissons de mer, de petites et moyennes dimensions. Si vos relations vous permettent d'abor-
der l'admirable vivier d'eau de mer établi au col-
lége de France, à Paris, vous pourrez vous y procurer des œufs fécondés de Turbots et de quelques
autres poissons, et vous ferez sans peine, au milieu
de vos plantes marines, un peu de pisciculture, par-
dessus le marché. Je vous fais observer de nouveau
que, quant à la dépense, s'il en coûte plus pour
remplir un Aquarium d'appartement avec de l'eau
de mer, naturelle ou artificielle, qu'avec de l'eau de
rivière ou de source, vous n'avez pas besoin de renouveler plus d'une fois par an l'eau salée, qui peut
même se conserver plusieurs années sans se corrompre, ce qui rend les frais moins élevés qu'on
ne peut le croire au premier abord. Deux Aquariums remplis l'un d'eau douce, l'autre d'eau salée,
peuplés d'après les indications qui précèdent, sont
le complément charmant, et au total peu dispendieux, de ce qu'il est possible de faire d'horticulture
dans un appartement.

TROISIEME PARTIE

OISEAUX D'APPARTEMENT

La fenêtre double. — En quoi elle reproduit la serre tempérée. — Plantes qu'elle admet en toute saison. — Disposition ornementale de ces plantes. — Volière associée à la serre-fenêtre.

Avantages de la fenêtre double. — Dans toutes les opérations de jardinage intérieur que je viens de passer en revue, une chose a surtout manqué, c'est l'espace disponible, dans une chambre habitée; vous avez dû, si vous avez pris goût à mes conseils, et qu'il vous ait convenu de les suivre, vous trouver en présence d'une foule de plantes plus attrayantes les unes que les autres, adaptées à chacune des divisions du jardinage intérieur, et il vous a fallu, à votre grand regret, n'en admettre que quelques-unes et rejeter toutes les autres, toujours par le même motif, faute de place pour les loger. Il y a un moyen facile et praticable partout, d'agrandir cet espace libre qui vous manque pour le jardinage intérieur : c'est de substituer aux fenêtres simples de votre appartement une ou deux fenêtres doubles. Je suppose que la maison que vous habitez vous appartient, ou bien qu'ayant un long bail, vous avez affaire à un propriétaire intelligent qui vous permet de faire, à vos frais, ce changement aux deux fenêtres de la chambre que vous occupez habituellement, ce qui ne lui porte aucun préjudice.

Dans tous les pays du Nord de l'Europe, à partir de la Hollande, les fenêtres doubles sont fort en usage. Au lieu de placer le châssis vitré de la fenêtre au milieu de l'épaisseur du mur dans lequel elle est pratiquée, on pose deux châssis, l'un à fleur du mur extérieur, l'autre à fleur du mur intérieur de la chambre habitée. L'espace libre entre ces deux châssis est une petite serre que vous pouvez garnir de toutes les plantes de serre tempérée, à votre choix. En effet, sans appliquer à cet espace contenu entre deux châssis vitrés aucun appareil particulier de chauffage, il suffit de tenir ouvert le châssis intérieur, l'autre étant établi à demeure et ne devant jamais s'ouvrir, pour qu'il règne à l'intérieur de la double fenêtre la même température que dans la chambre, c'est-à-dire celle d'une serre tempérée.

La distribution intérieure d'une fenêtre double est un point fort important pour en obtenir toute la somme d'agrément qu'on en peut espérer par la culture des plantes d'ornement de serre tempérée. Suspendez au milieu un vase élégant en terre cuite, assez grand pour pouvoir recevoir tout autour une garniture de Saxifrage à filets et de Cactus serpentine, dont les tiges retomberont de tous côtés, et au centre un beau pied de Vriesia, de Bilbergia, ou d'une autre plante de la famille des Broméliacées. Rien ne peut produire un effet plus élégant, au centre d'un vase suspendu, que les plantes de cette famille, dont les feuilles charnues offrent en petit la même disposition que celles de l'Ananas, et dont les fleurs aux couleurs éclatantes contrastent vivement avec le feuillage d'un vert blanchâtre qui les environne.

Plantes pour la fenêtre double. — Les plantes les moins volumineuses, parmi celles de serre tempérée, conviennent particulièrement à la décoration de la fenêtre double. Si vous voulez que leur présence ne dérobe pas trop de lumière à l'inté-

rieur de l'appartement, vous ferez établir des deux
côtés, sur de légers tasseaux de bois, des dressoirs
en verre, sur lesquels chaque pot sera placé dans

Grav. 36. — Gloxinia.

une soucoupe de porcelaine blanche ; cinq dressoirs
semblables pourront être installés à droite et à gauche, ce qui vous donnera la latitude d'admettre dix

jolies plantes des espèces les plus sensibles au froid, des Gloxinias (grav. 56), des Achimenès et diverses Gesnériacées auxquelles vous pourrez associer la Torrenia Asiatica, que je vous signale spécialement, à cause de l'abondance de sa floraison, et une ou deux espèces de Cypripedium, dont la fleur aux formes bizarres ne ressemble à aucune autre, comme vous en pouvez juger d'après la physionomie originale du Cypripedium caudatum (grav. 57). Toutes ces plantes s'élèvent peu, et n'occupent pas en largeur plus de place que vous ne pouvez leur en accorder.

Plantes grimpantes de serre tempérée. — A fleur des rebords de tous les dressoirs de verre, tendez du haut en bas de l'intérieur de la fenêtre double deux fils de fer de chaque côté, ce qui vous permettra d'y faire grimper quatre plantes sarmenteuses, par exemple, deux Passiflores (grav. 58) à fleur rouge d'un côté, et deux Thunbergia de l'autre. Les fils autour desquels s'enrouleront ces plantes à floraison abondante et prolongée pourront être conduits au sommet de la double fenêtre, dans le sens horizontal, jusqu'au point d'attache du vase suspendu ; vous aurez ainsi pour vos plantes de choix, cultivées en pot sur les dressoirs de verre, un encadrement qui, vu de l'intérieur de la chambre, produira l'as-

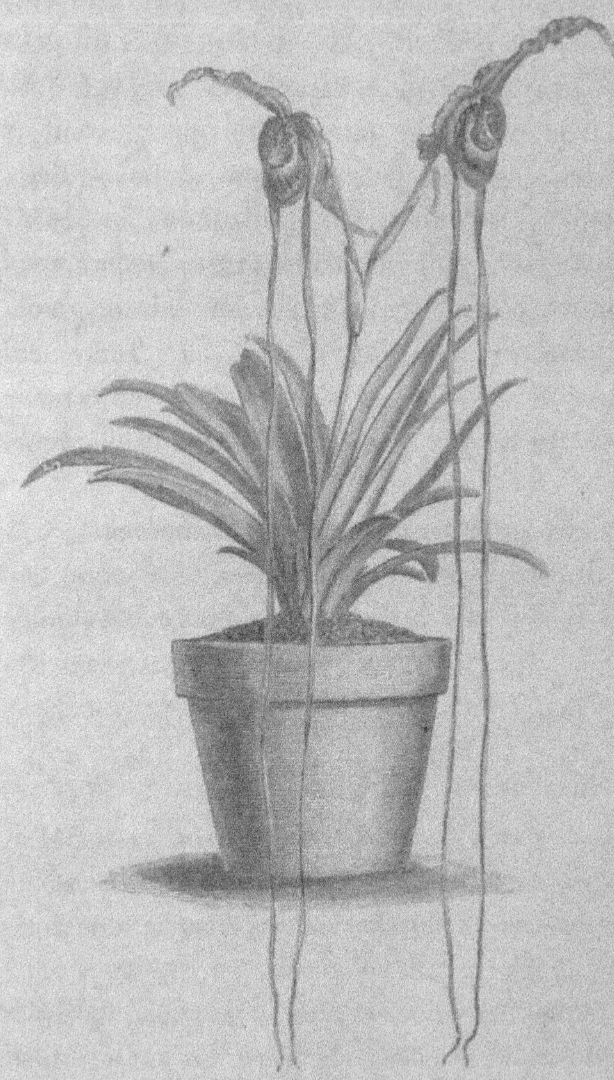

Grav. 57. — Cypripedium caudatum.

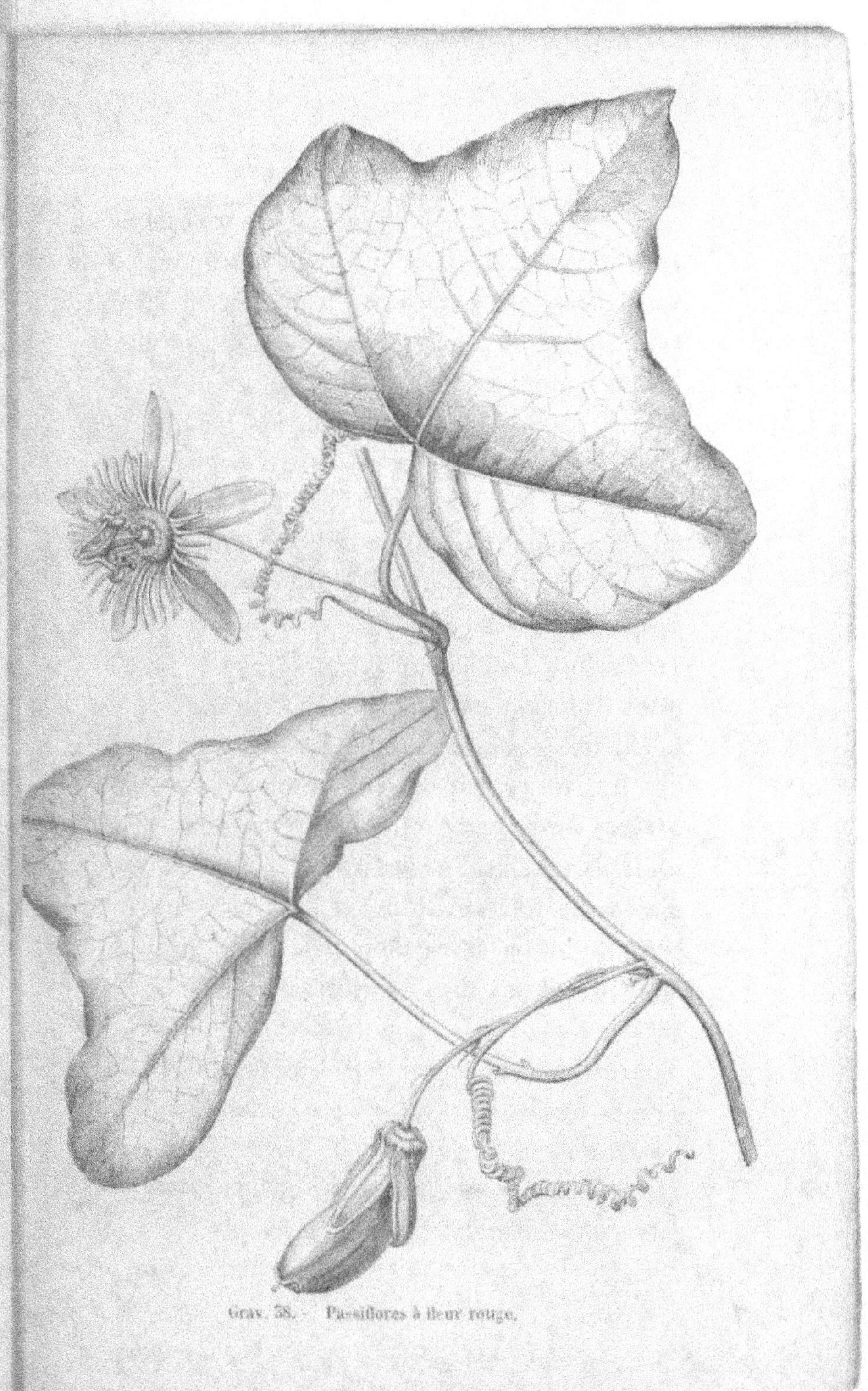

Grav. 58. — Passiflore à fleur rouge.

pect le plus gai et le plus varié : ce sera comme un petit coin de jardin d'une colonie tropicale, que vous aurez mis sous verre, à quatre pas de votre coin du feu. Si vous voulez en toute saison une floraison non interrompue le long des fils de fer, ajoutez aux plantes grimpantes ci-dessus indiquées une ou deux Capucines, non pas de ces Capucines communes qui ont pour tout bien leur mérite, bien qu'elles appartiennent essentiellement au jardin sur la fenêtre, mais une plante du même genre, un Tropæolum, par exemple, la Capucine de Lobb, Tropæolum lobbianum (grav. 39). Les fleurs de cette Capucine sont d'un rouge admirable; dans la fenêtre double comme dans la serre tempérée, elle fleurira principalement en hiver et donnera des graines fertiles que vous pourrez utiliser pour la multiplier; mais il ne faudra pas tarder à les semer: elles perdent immédiatement leur faculté germinative. Du reste, si ce moyen de multiplication ne vous réussit pas, vous en avez un autre d'un succès toujours assuré. Les boutures de jeunes pousses de Tropæolum lobbianum s'enracineront avec la plus grande facilité dans votre serre portative chaude. À côté des fils de fer chargés de plantes à tiges volubiles, je vous conseille de loger quelques-uns de ces jolis sous-arbrisseaux de serre tempérée qui, sans

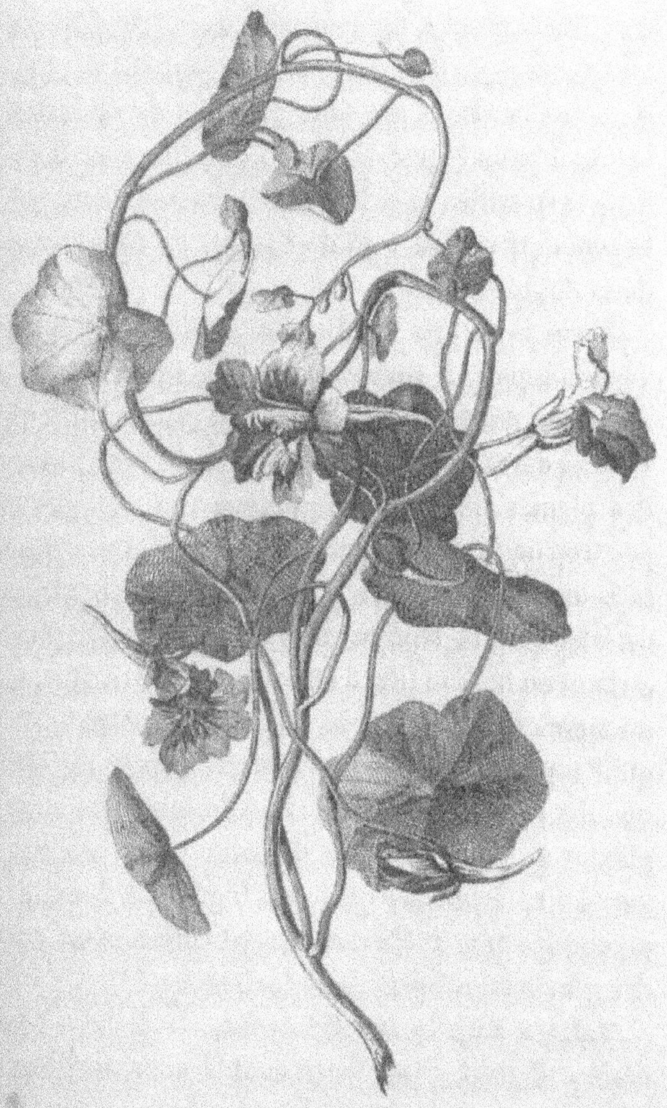

Grav. 39. — Tropæolum lobbianum.

être précisément à tiges sarmenteuses, croissent plus en hauteur que latéralement et ne peuvent se passer d'un tuteur. Deux des plus gracieux de ces arbustes, soit pour leur feuillage, soit pour leur floraison, le Grévilléa et le Kennedia, produisent un très-bel effet en regard l'un de l'autre, de chaque côté de la double fenêtre.

Après avoir pris les dispositions que je viens de vous indiquer, il vous reste encore, sur le devant et au milieu de la double fenêtre, un espace libre que vous ne devez pas négliger d'utiliser. Si vous y placez des plantes de moyenne grandeur, elles n'ôteront pas trop de jour à l'appartement, surtout si, comme la coutume commence à s'en répandre, le châssis extérieur de la fenêtre est vitré d'une seule pièce, de haut en bas, au lieu d'être formé de carreaux plus ou moins grands. Là vous pourrez admettre tout ce qu'il vous plaira dans les tribus élégantes des Éricas, des Épacris, des Pimelea, et de toutes les autres plantes de serre tempérée de petite et de moyenne grandeur. Joignez-y quelques Oignons à fleurs des espèces les plus recherchées, particulièrement ceux des genres Ixia, Sparaxis et Lachenalia.

Volière dans la fenêtre double. — Mais, si vous désirez donner à la fenêtre double un autre genre d'attrait, vous réserverez le vide central pour une belle volière, dans laquelle une tribu d'oiseaux étrangers pourra se croire dans son pays natal en se voyant entourée d'une riche végétation tropicale. Cette association naturelle des oiseaux de volière et des fleurs m'autorise à faire une excursion dans le domaine de l'ornithologie ; car on ne doit attendre aucune satisfaction de la présence des plus charmants oiseaux chanteurs dans une volière, s'ils y sont tristes, muets et souffrants, faute de recevoir les soins intelligents sans lesquels il n'y a pour ces pauvres captifs ni santé ni bien-être.

Grande Alouette ou Calendre. — Quoique les oiseaux étrangers soient, à mon avis, ceux qui s'harmonisent le mieux avec la végétation des plantes de serre tempérée, je ne vous engage pourtant pas à dédaigner les oiseaux chanteurs d'Europe. Celui dont le chant a le plus d'éclat et de portée, c'est l'Alouette. Donnez la préférence à la Calendre ou grosse Alouette, plus disposée que l'espèce commune à la familiarité. Cette espèce d'Alouette se recommande d'ailleurs par une particularité qui manque chez les autres espèces du même genre : elle apprend avec une étonnante facilité le chant des autres oiseaux placés dans son voisinage, elle imite même le piaulement des jeunes poulets. Il faut, si l'on tient à ce que la Calendre conserve son chant naturel, la tenir dans l'isolement et éloigner d'elle les autres oiseaux dont elle est portée à imiter le chant. Pour qu'une Calendre s'apprivoise bien, il faut la prendre au nid très-jeune et l'élever à la brochette. La meilleure nourriture pour elle, durant le premier âge, est une pâtée de graine de pavot écrasée et mêlée à de la mie de pain blanc. Lorsqu'elle mange seule, on ajoute à sa pâtée du blé et du millet écrasés ; on ne doit commencer à lui donner du cœur de veau ou de mouton cuit et finement haché que quand elle commence à faire entendre son premier chant. La Calendre est, de toutes les variétés d'Alouettes, celle qui peut devenir la plus familière et qui paraît oublier le plus complétement en cage le sentiment de sa liberté ; cependant, et bien qu'elle fasse à l'état libre trois couvées par an, la Calendre ne couve pas en captivité. Ne pouvant percher, en raison de la conformation particulière de ses doigts, la Calendre n'a pas besoin de bâtons dans sa cage ; le plancher doit en être sablé de sable fin assez souvent renouvelé, et garni aux quatre coins de morceaux de gazon sur lesquels elle aime à se poser pour faire sa toilette, opération qu'elle exécute avec beaucoup de soin et qui absorbe une grande partie de ses loisirs.

Bouvreuil. — On doit d'autant moins se faire

scrupule de réduire le Bouvreuil en captivité, qu'il
est, à juste titre, considéré comme un ennemi par
les jardiniers, et voici pourquoi. Dans plusieurs départements du centre de la France, le Bouvreuil est
connu sous le nom vulgaire d'*Ébourgeonneux*,
parce que, pendant plus d'un mois, il se nourrit
principalement des bourgeons des jeunes arbres,
spécialement de ceux du bouleau. Quand, par les
progrès de la végétation, cette nourriture lui manque, le Bouvreuil se rapproche des habitations, il
envahit les jardins et recherche avec tant d'avidité
les boutons de fleurs du prunier, qu'il n'en laisserait
pas subsister un seul, si les jardiniers ne lui don-
naient la chasse. Le Bouvreuil se recommande
comme oiseau de volière par plusieurs qualités qui
n'appartiennent qu'à lui. Il gazouille plus qu'il ne
chante, mais le ramage de la femelle est le même
que celui du mâle; il se recommande surtout par la
coloration variée de son plumage. En captivité, il
devient assez souvent tout noir, mais ce défaut ne
dure pas. Le Bouvreuil mue tous les ans, et, s'il est
devenu noir, il reprend la coloration primitive de
son plumage après chaque mue. Pour conserver le
Bouvreuil en cage, il n'est pas nécessaire de le
prendre très-jeune dans son nid et de se donner la
peine de l'élever : ceux qu'on prend au trébuchet

lorsqu'ils ont terminé leur croissance s'apprivoisent très-bien et s'accoutument très-vite à la cage; ils y deviennent aussi familiers que les serins eux-mêmes, qualité qui fait du Bouvreuil un oiseau de très-bonne compagnie. Ses mœurs à l'état sauvage sont dignes d'intérêt; sans être, comme le Cygne et l'Hirondelle, monogame pour toute sa vie, le Bouvreuil vit plusieurs années avec la même femelle; il ne s'en sépare point en hiver et partage avec elle les misères de la saison rigoureuse comme les joies de la belle saison; il ne se sépare de ses petits qu'à l'époque où, devenus adultes, ils entrent en ménage à leur tour. Il en résulte que quand un couple de Bouvreuils a fait dans une année favorable plusieurs couvées qui ont réussi, il se trouve en automne entouré d'une très-nombreuse famille dont il est resté le chef; les petites troupes de Bouvreuils qu'on rencontre alors dans les haies et sur la lisière des bois ne sont composées que d'un seul ménage comprenant le père, la mère et les petits de deux ou trois couvées. Souvent le froid et la faim ont fait périr le plus grand nombre des petits, qui, moins robustes que leurs parents, ne résistent pas tous à l'hiver. Ce deuil de famille ne sépare pas le père et la mère, qui, le printemps venu, recommencent une famille sur nouveaux frais. La ma-

nière la plus commode de prendre le Bouvreuil, c'est
de se servir du trébuchet, espèce de fossette recouverte d'une trappe qui trébuche par-dessus l'oiseau,
et l'enferme dans la fossette dès qu'il vient se poser
dessus. On met pour amorce des baies de sorbier
ou d'aubépine, et l'on imite facilement, pour attirer
le Bouvreuil, son cri d'appel, que la voix humaine
copie exactement avec un peu d'exercice et d'habitude.

Le Bouvreuil fait généralement très-bon ménage;
il aide sa femelle à construire son nid, et, comme
elle ne se dérange jamais, c'est le mâle qui, tant
qu'elle couve, lui apporte à manger. Beaucoup de
gens pensent que le Bouvreuil ne multiplie pas en
cage; cette erreur vient de ce que ceux qu'on a pris
à l'âge adulte ne se décident à couver que quand ils
ont vécu trois ans en cage, quelquefois plus. On
attache dans la cage un petit panier rond semblable
à celui où nichent les Serins; la durée de l'incubation et le nombre des œufs sont les mêmes que
dans les couvées de serins (voyez *Serins*). On peut,
quand le Bouvreuil est très-bien apprivoisé, lui
donner une femelle Canari, et en obtenir de très-
beaux métis, d'un plumage et d'un chant fort agréables. Ces unions ne réussissent pas toujours : le
Bouvreuil accepte volontiers une femelle de Serin;

celle-ci, à moins qu'elle ne soit très-jeune et qu'elle n'ait été élevée avec lui, n'accepte pas aisément le Bouvreuil. Par une bizarrerie inexpliquée, le Bouvreuil, très-attaché aux petits de son espèce, tue à coups de bec sur la tête ceux qui naissent de son union avec une Serine, comme s'il ne les reconnaissait pas pour être de sa race. On doit placer le Bouvreuil dans une autre cage et laisser à la Serine le soin d'élever les petits qu'elle a eus d'un Bouvreuil. On prépare pour les jeunes Bouvreuils nés en cage ou pris sur le nid, ainsi que pour les métis du Bouvreuil et de la Serine, une pâtée de mie de pain, de jaune d'œuf et de graine de navette écrasée, cette pâtée doit être mouillée de lait doux, et tenue plutôt un peu claire que trop épaisse; le chènevis que quelques personnes y ajoutent facilite l'élevage des petits, qui aiment beaucoup cette graine; mais elle les échauffe trop, et ceux qui en ont trop mangé dans leur jeune âge meurent plus jeunes que les autres. On nourrit les Bouvreuils qui mangent seuls avec du millet, de la navette, et de temps en temps un peu de chènevis écrasé.

La mémoire du Bouvreuil est assez étendue, il apprend facilement des phrases musicales qu'on lui répète le soir sur la flûte ou le flageolet; quand on le siffle simplement, si le sifflet naturel est faux et aigu, celui du Bouvreuil a les défauts de son professeur ; quand on s'est servi pour l'instruire d'une flûte ou d'un flageolet, et que l'air ne lui plaît pas, il n'est pas rare qu'il le change pour l'arranger à sa façon, et les variations qu'il y ajoute sont ordinairement de très-bon goût.

Chardonneret. — Le Chardonneret, au ramage peu varié, mais au plumage ravissant, est plein de grâce et d'élégance. C'est celui des oiseaux de volière d'Europe dont on peut attendre le plus d'agrément ; non-seulement il multiplie en cage, où l'on peut en obtenir jusqu'à trois couvées par an, mais de plus il s'allie volontiers avec la femelle du Serin, qui l'accepte sans difficulté, et le chant des métis que produit cette union tient de celui des deux espèces d'oiseaux. On peut juger de l'attachement de la femelle du Chardonneret pour ses œufs par le trait suivant, que rapporte le naturaliste Sonnini, témoin digne de foi. Après un violent orage accompagné de grêle, le jardin de Sonnini se trouva complétement dévasté ; une femelle de Chardonneret, qui couvait dans un cerisier, n'avait pas quitté ses œufs un seul instant. L'orage passé, elle s'occupa de réparer promptement son nid fort endommagé, se remit sur les œufs qui n'avaient pas eu le temps de se refroidir, et amena à bien sa couvée.

15.

Les œufs de la femelle du Chardonneret sont blancs, ils portent de petites taches d'un brun rougeâtre vers le gros bout; elle en pond cinq ou six à sa première couvée, quatre ou cinq à la seconde, vers le milieu de l'été, et trois seulement à sa dernière ponte, au mois d'août. Les petits nés de cette dernière ponte, pris sur le nid, sont les plus estimés, ils chantent mieux et vivent plus longtemps que ceux de la première couvée. Quand on veut obtenir des métis de Serin et de Chardonneret, il faut les élever ensemble et leur distribuer à la brochette la pâtée indiquée pour les Serins. Comme son nom l'indique, le Chardonneret préfère à toute autre nourriture la graine de chardon, et après elle la graine de laitue; il faut, pour le régaler, lui en donner un peu de temps en temps, et le nourrir habituellement avec de la graine de millet et de navette, comme le Serin.

On s'est fait longtemps un amusement cruel de condamner le Chardonneret à la chaîne et de le tenir garotté, sans autre ressource pour boire et manger que de faire monter et descendre alternativement deux seaux contenant l'un de l'eau, l'autre du grain. Ce traitement barbare, auquel le pauvre oiseau résistait pendant plusieurs années d'une existence misérable, est fort heureusement passé de mode.

Le Chardonneret ne souffre pas le célibat ; si, dans une volière peuplée de Serins et d'autres oiseaux chanteurs, vous mettez un Chardonneret qui ne soit pas marié, soit à une femelle de son espèce, soit à une Serine, il mettra tout en désordre, détruira les nids, cassera les œufs et se battra avec les mâles jusqu'à ce que ceux-ci l'aient tué. Mais, dès que le Chardonneret est marié, il s'occupe exclusivement des affaires de son ménage et laisse les autres tranquilles. Jamais il ne se bat avec sa femelle, à laquelle il est fort attaché. Mais, par un instinct tout particulier et dont on ignore la cause, le Chardonneret et sa compagne, qui se perchent toujours le soir à côté l'un de l'autre, ne veulent occuper pour dormir que le bâton le plus élevé de toute la volière, et ils n'y souffrent personne près d'eux ; si d'autres oiseaux plus gros et plus forts qu'eux leur disputent cette position, ils se battent jusqu'à ce qu'elle leur soit cédée ; c'est la seule occasion où, une fois mariés et établis, ils montrent des dispositions querelleuses.

Si vous tenez à avoir des Chardonnerets robustes et bons chanteurs, élevez ceux de la dernière couvée et ne les séparez du père et de la mère que quand ils seront bien emplumés et près de manger seuls. La durée de leur existence en cage peut aller, sauf le chapitre des accidents, à vingt et même à vingt-cinq ans, sans que les Chardonnerets tombent dans la décrépitude ; ils chantent et multiplient jusqu'à la fin de leur existence, et la bienfaisante nature leur accorde une vieillesse exempte d'infirmités.

Rossignol. — Je ne vous conseille pas d'élever en cage le Rossignol, trop triste et trop évidemment malheureux en captivité pour que sa société vous soit agréable, et j'approuve fort l'ordonnance du dernier roi de Prusse, qui imposait une amende de quarante francs environ de notre monnaie, sous forme de taxe annuelle au profit des indigents, à tous ceux de ses sujets qui se permettraient d'emprisonner les Rossignols. Cette taxe ne produisit rien, personne, bien entendu, ne voulant se mettre dans le cas de la payer ; mais la liberté des Rossignols était très-efficacement protégée : c'était le but de l'ordonnance. Néanmoins, comme en France le Rossignol en cage n'est pas mis au rang des contribuables, je crois devoir, mes réserves posées, donner en faveur de ceux qui tiennent à élever des Rossignols les procédés pour les faire vivre en cage le moins mal possible.

On sait que le Rossignol est en France un oiseau de passage, qui arrive vers la fin de mars, niche à terre dans les bois, élève sa couvée, chante pendant toute la durée du printemps, et quitte nos climats dès les premiers jours un peu frais de l'arrière-saison. Parmi une foule de qualités recommandables, le Rossignol a un défaut ; qui n'en a pas ? Doué d'un très-robuste appétit, il est gourmand, et c'est toujours par gourmandise qu'il se laisse prendre. On prend les Rossignols au trébuchet à bascule, en mettant un ou deux vers de farine pour amorce. Ce genre de piége offre l'avantage de ne pas blesser l'oiseau. On peut, après l'avoir pris, le mettre en liberté, rétablir le trébuchet, y remettre l'amorce et s'éloigner; le même Rossignol reviendra s'y faire prendre jusqu'à trois et quatre fois de suite, et si, après ces mésaventures, vous lui rendez sa liberté définitive, il ne s'éloignera pas du canton et ne chantera pas un couplet de moins pour cela. Un seul trait mérite d'être signalé dans les mœurs du Rossignal : quand les petits sont nés, le père et la mère s'en occupent l'un et l'autre ; mais, dès qu'ils commencent à sortir du nid, la femelle regarde sa tâche à leur égard comme terminée ; elle s'occupe à réparer son nid, afin de faire sa seconde ponte et d'élever sa seconde couvée. De ce moment le mâle se considère comme seul chargé d'achever d'élever sa jeune famille, qu'il surveille et dirige sans la perdre de vue, tout en rendant de temps en temps visite à sa femelle. Après la naissance des petits de la seconde couvée, ceux de la première se dispersent, ils n'ont plus besoin ni du père ni de la mère.

La femelle pond pour chaque couvée le même nombre d'œufs ; jamais moins de quatre, jamais plus de cinq, d'un brun teinté de vert ; elle couve vingt jours quand il survient des nuits froides, assez communes en mai sous le climat de Paris, et dix-huit jours seulement quand la température est constamment douce pendant l'incubation.

« Le Rossignol en cage, dit Lesson, exige des soins que ne réclament pas les autres oiseaux ; c'est un hôte d'une humeur difficile, qui ne rend le service désiré que quand il est bien traité. »

Ce service, c'est sa musique ; il chante en effet beaucoup plus longtemps en captivité qu'en liberté ; mais le chant du Rossignol en cage est entièrement dénaturé, il est empreint d'une profonde mélancolie, et, si bien traité que soit le Rossignol prisonnier, il ne consent jamais à couver autrement qu'en liberté. Les jeunes Rossignols pris au nid, surtout ceux de la première couvée, lorsqu'on réussit à les élever, sont un peu moins tristes et chantent un peu mieux que les Rossignols pris au piége ; la différence n'est d'ailleurs jamais bien sensible.

Les nids de Rossignols ne sont pas difficiles à trouver : il suffit de se tenir caché le soir ou le matin dans le voisinage du domicile d'un ménage de Rossignols; le chant du mâle en révèle toujours à peu près l'emplacement. Quand ils ont de la famille, les voyages continuels du père et de la mère pour porter à leurs petits affamés des vers et des chenilles ne tardent pas à faire trouver le nid. On s'en approche avec précaution pour vérifier l'état de la couvée. Si les petits sont suffisamment emplumés, on les emporte *avec le nid*, condition essentielle du succès, car, hors de leur nid natal, il n'est pas possible de les élever, et l'on peut regarder les couvées comme perdues quand le nid, très-fragile, est démoli au moment où l'on s'en empare. Il faut l'emporter dans un panier à claire-voie, qui servira de domicile aux jeunes Rossignols, jusqu'à ce qu'ils aient pris assez de force pour se tenir sur leurs pattes. On peut alors les placer dans une cage sur de la mousse et les y laisser, en les tenant très-proprement, jusqu'à ce qu'ils mangent seuls.

On les nourrit d'une pâtée faite de jaune d'œuf cuit dur, de cœur de mouton, de cœur de veau, de mie de pain et de persil haché ; c'est la même nourriture qui convient au Rossignol tout élevé. Cette manière de nourrir les jeunes Rossignols réussit quelquefois; souvent aussi, on perd les couvées au moment où l'on croit les avoir élevées et n'avoir plus qu'à les laisser manger seules. Il y a un autre procédé bien plus intéressant et d'un succès plus certain. Si vous habitez la campagne, placez le nid de rossignols renfermant une couvée dans une chambre dont vous laisserez la fenêtre ouverte et où vous aurez soin d'entrer le moins souvent possible. Le père et la mère viendront nourrir eux-mêmes leurs petits et leur distribuer la nourriture, que vous aurez soin de mettre dans un pot peu profond, à côté du panier renfermant le nid de Rossignols.

La même méthode, pratiquée un peu différemment, donne lieu à une observation des plus curieuses. Si vous habitez la ville et qu'on vous apporte un nid de Rossignols, placez ce nid dans la même chambre que la cage d'un vieux Rossignol; donnez à manger aux jeunes pendant un jour ou deux; puis ouvrez la cage du vieux Rossignol prisonnier. Dès la pointe du jour, attiré par les cris des petits, il quittera la cage et viendra leur donner à manger. Quand il aura commencé à en prendre soin, ne vous en occupez plus; renouvelez seulement la provision de nourriture à mesure qu'elle sera épuisée; le vieux Rossignol, bien qu'il soit élevé en captivité et n'ait jamais eu de famille, trouvera dans son instinct tout ce qu'il lui faut de soins et d'attentions pour élever des petits qui ne lui appartiennent pas, et il ne les quittera que quand ils n'auront plus besoin de lui. Qu'un chat, un chien ou un objet effrayant quelconque s'offre à sa vue, il poussera le cri d'alarme, et tous les jeunes Rossignols, avertis par ce cri, se blottiront sous la mousse, comme ils le font à l'état sauvage pour se dérober à l'œil perçant de l'oiseau de proie.

Si vous tendez des piéges aux Rossignols, afin de ne pas avoir la peine de les élever, ne prolongez jamais ce genre de chasse au delà du 15 avril. A cette date, sous le climat du centre de la France, le Rossignol est marié; jamais il ne se console d'une séparation douloureuse : mis en cage, il ne chante pas ou presque pas, et ne tarde pas à mourir de chagrin, et vous avez commis une cruauté inutile. Vous n'avez qu'une chance pour le conserver et l'entendre chanter deux fois par an, en mai et en décembre : c'est de le prendre avant qu'il soit marié. Alors, tenez-le dans un local tranquille, dans une demi-obscurité; dérangez-le le moins possible; renouvelez sa nourriture sans ouvrir la cage, au moyen d'un entonnoir dont le bout plonge dans la mangeoire; accrochez au printemps la cage entourée de serge verte, de préférence à l'exposition du levant, et votre Rossignol, à demi consolé de sa captivité par les vers de farine que vous lui donnerez trois fois par jour, à la dose de vingt-cinq à chaque repas, indépendamment de sa pâtée, vivra quelques années, et chantera quelquefois sur un ton lamentable sa liberté perdue, qu'il n'oublie jamais tout à fait. Au total, vous n'en aurez jamais qu'une bien faible dose de plaisir pour beaucoup de peines et d'embarras. Je vous conseille donc d'aller dans les bois entendre chanter le Rossignol, et de ne pas le priver de sa chère liberté, en attendant que la loi élève les Rossignols, en France comme en Prusse, à la dignité de contribuables.

Je m'abstiens à dessein de vous indiquer comment on rend les Rossignols aveugles, afin qu'ils chantent plus souvent et plus longtemps; la recette ne vous servirait pas; je suppose que vous avez trop bon cœur pour aveugler de gaieté de cœur un pauvre Rossignol!

Fauvette. — La Fauvette est presque aussi difficile à élever en cage que le Rossignol lui-même, et, comme lui, elle ne couve point en captivité; mais, elle s'attache sincèrement à son maître, et il semble que l'attachement qu'elle lui porte soit comme une sorte de compensation des joies de la famille, dont elle est privée. On en possède plusieurs variétés, dont la plus recherchée est la Fauvette à tête noire. Le chant de cette Fauvette se rapproche plus ou moins de celui du Rossignol, qu'elle cherche évidemment à imiter lorsqu'elle est à portée de l'entendre. On prend les Fauvettes adultes au trébuchet comme les Rossignols et avec la même amorce de vers de farine; les plus faciles à conserver sont celles qu'on prend ainsi depuis la fin d'août jusqu'à la fin de septembre. A cette époque de l'année, les Fauvettes de la première couvée ont pris toute leur croissance; mais, comme elles sont encore célibataires et qu'elles n'ont pas voyagé, elles s'accoutument plus vite à la cage que celles qui ont déjà couvé et changé de climat. Il y a néanmoins pour toutes les Fauvettes, soit qu'on les ait prises à l'âge adulte, soit qu'elles aient été enlevées sur le nid, une époque pénible à passer dans la cage; ce sont les deux mois de septembre et d'octobre, pendant lesquels, lorsqu'elle vivent en liberté, elles émigrent pour aller passer l'hiver dans le midi de l'Europe. Ce moment venu, la Fauvette, dominée par l'instinct voyageur, semble ne plus reconnaître celui qui en prend soin; elle mange peu, s'agite continuellement, et meurt souvent de chagrin de ne pouvoir prend sa volée avec ses camarades.

On nourrit les Fauvettes en cage de la même

pâtée que les Rossignols ; on y joint de temps à autre un régal de vers de farine ; la graine de chènevis, qu'elles aiment beaucoup et qu'on écrase pour la mêler à leur pâtée, ne doit leur être donnée qu'avec ménagement : cet aliment engraisse les Fauvettes avec excès, et les fait périr étouffées dans leur graisse. Lorsqu'on prend les Fauvettes adultes, on doit pendant un certain temps leur attacher les ailes avec un lacet, pour empêcher qu'elles ne s'élancent avec trop de violence contre les barreaux de leur cage ; on ne les délie que quand elles ont passé leur première saison d'émigration, après laquelle, dans le courant de novembre, elles redeviennent aussi tranquilles que les autres oiseaux chanteurs en cage. On peut alors, s'il n'y a pas de chats dans la maison, laisser voltiger la Fauvette dans l'appartement ; elle se pose familièrement sur les épaules de ceux qu'elle connaît, et vient sur la table, aux heures des repas, avec une familiarité très-amusante, prendre sa nourriture, et se mettre d'elle-même au nombre des convives. La Fauvette ne vit pas plus de cinq à six ans dans la cage ; celles qui vivent huit à dix ans sont de rares exceptions.

Lorsqu'on a découvert un nid de Fauvettes dont on veut prendre les petits, il faut éviter de s'en approcher. La Fauvette pond de bonne heure, au printemps, dans un nid très-artistement construit au centre d'un buisson, quatre ou cinq œufs d'un brun marron clair. Le mâle et la femelle couvent tour à tour; si l'on a touché à leurs œufs, ou seulement si l'on s'est approché trop souvent du nid pour les observer, ils y renoncent et vont s'établir ailleurs. Il faut épier de loin les allures du ménage de Fauvettes, et prendre les petits dix à douze jours après leur naissance : c'est l'âge auquel on a le plus de chances pour les élever.

Vous lirez dans la plupart des traités sur l'élève des oiseaux en cage qu'on peut obtenir en cage des couvées de Fauvettes; cela n'est point exact : voici tout ce qu'il y a de possible à cet égard. Si vous habitez la campagne, portez au fond d'un bosquet bien tranquille, où vous aurez soin de ne jamais entrer, une cage renfermant un couple de Fauvettes, dans la saison où ces oiseaux font leur nid. Ouvrez la porte de la cage; les Fauvettes, le plus souvent, habituées à leur domicile, qui ne sera plus une prison, nicheront et couveront dans la cage comme en liberté; vous pourrez alors, en vous approchant avec précaution le soir, fermer la porte de la cage et rapporter à la maison le père, la mère et les petits. Mais ne comptez pas sur les parents pour achever l'éducation de leur famille; mettez le père et la mère dans une autre cage, et leur cage dans une autre chambre, et tâchez d'élever les petits à la brochette; vous en perdrez toujours la plus grande partie. Ces oiseaux ont surtout besoin d'une extrême propreté; la mousse dans laquelle on les élève doit être changée deux fois par jour.

Oiseaux chanteurs étrangers. — Parmi les oiseaux chanteurs étrangers ou d'origine étrangère qu'il est le plus facile de se procurer en France et d'élever en captivité, je vous recommande particulièrement l'indispensable Serin des Canaries, le Bengali et le Paroare. Ces trois espèces, si complétement différentes des oiseaux chanteurs d'Europe, que je vous engage à leur associer, sont tous d'un caractère sociable, se pliant sans trop de répugnance à la captivité; ils deviennent très-familiers envers ceux qui en prennent soin. Le Paroare est, il est vrai, beaucoup plus gros et plus fort que les autres; mais ses mœurs sont si douces et il se montre si rempli d'égards et de politesse envers ses compagnons de captivité moins forts que lui, que vous pouvez sans le moindre inconvénient les laisser vivre dans son intimité.

Serins. — On a écrit bien des volumes sur l'éducation des Serins, qui cependant n'offre pas de bien sérieuses difficultés. On sait que, pendant plus d'un

siècle après son introduction, on a regardé comme
impossible de faire multiplier cet oiseau en Europe. Les Serins étaient à cette époque d'un prix
excessif; les personnes très-riches pouvaient seules
se permettre d'en avoir, et, comme les spéculateurs
qui allaient les chercher aux îles Canaries avaient
soin de n'en rapporter que des mâles, toute tenta-
tive pour les faire multiplier en cage était matériel-
lement impossible. Or, il arriva qu'un navire tos-
can, revenant des îles Canaries avec une cargaison
de Serins, fit naufrage sur les côtes de l'île d'Elbe.
Beaucoup de Serins mâles échappèrent à ce désastre
et vécurent dans l'île à l'état sauvage. N'y trouvant
pas de femelles de leur espèce, plutôt que de rester célibataires, ils ne dédaignaient pas de se mé-
sallier en épousant des femelles de chardonneret.
Les paysans de l'île tirèrent un très-bon parti des
métis, excellents chanteurs, nés de ces unions accidentelles. De ce moment, il fut constaté que le Serin des Canaries peut multiplier en Europe; on fit
venir des Serins femelles des îles Canaries, et tous
les mâles alors élevés en cage dans le célibat fu-
rent mariés; de là les innombrables légions de Serins qu'on rencontre aujourd'hui dans toute l'Europe.

Si vous tenez à faire multiplier en cage les Serins, qui ne demandent pas mieux, il faut ne les mettre avec les autres oiseaux chanteurs, dans la volière, qu'après l'époque de la dernière ponte, où leur ramage harmonieux, bien qu'un peu trop bruyant, se mêlera agréablement à celui des autres chanteurs européens ou exotiques. Au mois d'avril, vous logerez les ménages de Serins chacun dans une cage séparée, et vous les placerez dans un local tranquille, où vous aurez soin de veiller à ce qu'ils soient dérangés le moins possible. Le millet, la navette, l'échaudé, connu sous le nom de colifichet, et un os de sèche, sur les bords duquel le Serin se plaît à aiguiser son bec, sont les seuls aliments dont il ait besoin. Ne lui donnez du sucre que de loin en loin, et, quant au mouron, dont on sait que les capsules pleines de graines à l'état frais sont le régal favori des Serins, il ne faut pas le leur prodiguer quand vous leur en donnez une ou deux fois par semaine en été, et tous les huit ou dix jours seulement en hiver, cela suffit. Autrement, cette nourriture verte les relâcherait outre mesure, et de fréquentes diarrhées abrégeraient leur existence.

Quand les Serins ont des petits à élever, placez dans leur cage une petite soucoupe pleine de la même pâtée que je vous ai prescrite pour les Chardonnerets. C'est un plaisir de voir le père et la

mère aller prendre cette pâtée dans leur bec et la
distribuer à leur jeune famille; car le père prend
sa part de ce soin aussi bien que sa femelle. Ne séparez les petits de leur mère que quand ils seront
habitués à manger seuls. Dès qu'un jeune Serin
mange seul, il commence à essayer de gazouiller,
en imitant de son mieux le chant paternel. Quand
vous jugerez à propos de loger à part les petits,
suspendez leur cage à portée de celle de leurs parents, afin que, grâce à ce voisinage, les jeunes
mâles, en écoutant chanter leur père, complètent
leur éducation musicale; alors seulement ils seront
dignes et capables d'aller rejoindre les autres oiseaux chanteurs dans la volière de la fenêtre
double.

Bengali. — Le Bengali, qui passe pour être ori-
ginaire de l'Abyssinie, est le plus joli et en même
temps l'un des plus petits des oiseaux chanteurs
exotiques introduits en Europe. Il est d'autant
mieux à sa place dans la volière de la fenêtre double
convertie en serre tempérée en miniature, qu'il
craint excessivement le froid. Quoique le Bengali
puisse multiplier assez facilement en cage en Europe, et que presque tous ceux qu'on trouve à
acheter soient nés de parents naturalisés Européens
depuis un très-grand nombre de générations, ils

n'ont pas modifié leur tempérament, non plus que
leurs habitudes; ainsi jamais la femelle ne pond
ni ne couve qu'en plein hiver. Trop souvent, pour
peu qu'elle ait souffert du froid, elle meurt faute
de pouvoir opérer sa ponte; plus souvent encore
les œufs n'éclosent pas. Dans la volière d'une fenêtre double, si l'appartement est bien chauffé, les
couvées de Bengalis viennent assez souvent à bien.
La femelle pond quatre ou cinq œufs, très-petits,
qu'elle couve, aidée dans ce soin par le mâle, avec
beaucoup d'assiduité. On nourrit les Bengalis de
navette, de millet et de mouron, comme les Serins.
A l'époque de la ponte, il est bon d'y ajouter une
ou deux fois par semaine un petit régal supplémen-
taire de vers de farine; car, dans son pays natal, le
Bengali est exclusivement insectivore, et ne mange
jamais aucune espèce de graine, si ce n'est dans le
cas d'absolue nécessité. Quand les Bengalis ont la
diarrhée, qu'ils perdent l'appétit, cessent de gazouiller et paraissent languissants, on peut leur
faire becqueter un peu de biscuit trempé dans du
vin très-sucré. Le Bengali est un oiseau très-délicat,
souvent malade, et dont l'existence en cage, en
dépit des soins les plus assidus, ne peut guère dé-
passer cinq à six ans.

Paroare. — Le Paroare est moins recherché

pour son chant, peu mélodieux, que pour la beauté
de son plumage, d'un beau rouge écarlate, et pour
la grâce de sa tête vive et animée, surmontée d'une
épaisse huppe redressée, qui donne à cet oiseau une
physionomie particulière. Le Paroare, élevé en cage,
n'y vivrait pas si l'on essayait de le nourrir exclusivement de grain; il accepte cependant le grain de
millet, mais il n'en consomme jamais qu'une petite quantité. Le cœur de bœuf ou de veau, cuit et
haché, ou cru, coupé en lanières très-minces d'une
forme analogue à celle des vers de terre, sont, avec
les vers de farine, la meilleure nourriture pour les
Paroares. Ces oiseaux couvent en cage, mais les petits s'élèvent très-difficilement, ce qui en rend le
prix assez élevé. On donne aux ménages de Paroares qui ont des petits à élever une pâtée de
cœur de veau haché avec du jaune d'œuf cuit
dur, et un peu de chènevis écrasé. La femelle du
Paroare ne pond jamais plus de trois œufs; on doit
s'estimer heureux quand sur ces trois œufs on obtient deux petits, et que l'un des deux arrive à l'âge
adulte.

Avec les indications sommaires que je viens de
vous donner, vous êtes en état de veiller au bien-
être des oiseaux chanteurs européens ou exotiques,
dont je vous engage à peupler la volière de la

double fenêtre. En vous en occupant beaucoup et faisant régner dans leur habitation la plus rigoureuse propreté, ils ajouteront beaucoup au plaisir que peut procurer cette division du jardinage dans l'appartement.

Perroquets. — Les personnes sédentaires qui aiment à réunir dans leur appartement les plus belles plantes d'ornement de chaque saison, et les espèces les plus agréables d'oiseaux chanteurs, aiment aussi le plus souvent à faire la conversation avec un Perroquet ; cette considération m'engage à dire quelques mots de l'éducation du perroquet. Cet oiseau, doué au plus haut degré de l'instinct d'imitation, a reçu de la nature une langue analogue à celle de l'homme, ce qui lui permet d'imiter assez correctement la voix humaine. Les paroles qu'il répète, et qu'il ne comprend pas toujours (il ne faut pas croire qu'il ne les comprend jamais), sont pour lui un divertissement auquel il se livre à l'état sauvage aussi bien qu'en domesticité. A Cayenne, où les Perroquets verts sont très-communs dans les bois voisins des habitations des colons, les Perroquets qui vivent sur une plantation apprennent et répètent les mots qu'ils entendent le plus souvent, notamment les noms des gens de l'habitation, et, ce qui prouve qu'ils y attachent un sens, c'est qu'ils les

appliquent sans se tromper. A Paris, un marchand
d'oiseaux italien, nommé Cascarino, avait un domestique du nom de François. A l'heure des distri-
butions, tous les Perroquets de l'établissement se
mettaient à appeler François sur tous les tons;
quand François se faisait attendre, ils appelaient
Cascarino. Tous les Perroquets vendus par ce marchand — j'en ai connu plusieurs — avaient dans leur
répertoire les deux mots François et Cascarino. Dans
leur pensée, le premier de ces deux noms signifiait
évidemment le serviteur, et le second le maître; il
en résultait que, chez ceux qui les achetaient, ils
appelaient constamment les domestiques François,
et les maîtres Cascarino. Une distinction que font
également tous les Perroquets, c'est celle des com-
pliments et des sottises. Lorsqu'on leur apprend,
selon l'usage, des termes d'amitié et des gros mots,
ils n'adressent les douceurs qu'à ceux qui leur
plaisent, et les injures qu'à ceux qui les contrarient
ou qui leur déplaisent; car, bien que le Perroquet
soit un oiseau éminemment sociable, l'un des défauts de son caractère, c'est de prendre en aversion,
soit par jalousie, soit par des motifs inconnus, certaines personnes dont la présence lui est insupportable.

Les Perroquets appartiennent tous aux régions

intertropicales des deux continents; en en connaît une seule espèce, le Perroquet de Patagonie, qui supporte le rude climat de l'extrémité méridionale du continent américain. Tous les autres, sans exception, sont très-sensibles au froid, et doivent en être préservés avec le plus grand soin lorsqu'on les élève en captivité; c'est pour leur conservation le point le plus important. Les principaux groupes de Perroquets qu'il peut être agréable d'élever en domesticité, dans un appartement, sont les *Perroquets gris*, les *verts à tête bleue et à bec blanc*, les *Cacatoès*, les *Aras* et les *Perruches*.

Perroquets gris. — Les Perroquets gris, très-communs sur toute la côte occidentale de l'Afrique, à partir du Sénégal, sont en France les moins chers et les plus communs. Ils s'attachent aisément à leur maître et apprennent à parler avec une rare facilité; ce sont de tous les Perroquets ceux dont la mémoire retient le mieux des phrases de dix et même de douze syllabes. Aucun Perroquet ne dépasse guère ce chiffre; ceux qui vont au delà sont de très-rares exceptions, et l'on peut hardiment taxer de fausseté les histoires de Perroquets qui, disent plusieurs auteurs, avaient retenu par cœur de longs morceaux de poésie, et les récitaient sans erreur.

Sous le climat de Paris, la femelle du Perroquet gris, aussi facile à instruire que le mâle et douée de plus de douceur dans le caractère, pond assez souvent des œufs blancs, semblables à des œufs de pigeon ; mais ces œufs sont clairs, et elle le sait probablement, car elle ne les couve jamais. Déjà, dans nos départements méridionaux, les ménages de Perroquets gris peuvent multiplier. La femelle de cette espèce ne pond que trois œufs, sur lesquels il y en a presque toujours un qui n'est pas fécondé ; elle les couve assidûment et élève ses petits, qui, étant nés en captivité, sont d'une extrême familiarité. Le mâle ne couve pas ; il tient fidèle compagnie à la couveuse, et lui apporte à manger pour qu'elle ne se dérange pas. Pendant la durée de l'incubation, il est dangereux d'approcher de la femelle qui couve ; le mâle sort de son caractère habituellement pacifique. Il met en sang les pieds du visiteur imprudent qui n'a pas pris la précaution de se chausser d'épaisses guêtres de cuir. On donne pour nid, à la femelle du Perroquet gris qui témoigne l'intention de couver, un tonneau défoncé par un bout, et dont on a rempli le fond de quarante à cinquante centimètres de sciure de bois ; l'un des côtés du tonneau doit être garni d'un rang de petits bâtons à l'extérieur et à l'intérieur, pour que, à l'aide de ces échelons, le mâle puisse aller rendre visite à la femelle. Le tonneau doit être placé dans une chambre tranquille, où l'on a soin de ne pas entrer sans nécessité jusqu'à la naissance des petits. Dès que leur famille commence à s'élever, le père et la mère reprennent leur précédente familiarité avec les gens de la maison.

Cette manière de faire couver les Perroquets dans le Midi est fondée sur leurs usages à l'état sauvage dans leur pays natal. La femelle pond constamment dans le tronc d'un arbre creux, dont elle a gratté intérieurement le bois pourri, afin d'en former une couche qu'elle creuse et qu'elle garnit de plumes, qu'elle s'arrache sous le ventre. Étant placée à l'écart dans un tonneau, sur de la sciure de bois, elle se trouve dans la situation la plus conforme possible à celles qu'elle rencontrerait pour couver dans les forêts de son pays. On nourrit principalement le Perroquet avec la graine de chènevis; du reste, il peut manger à peu près de tout, même de la viande, pourvu qu'elle ne soit pas grasse. Le biscuit, les noix, les noisettes, les amandes, qu'il casse et épluche avec beaucoup d'adresse, lui conviennent parfaitement. Lorsqu'on donne des amandes à un Perroquet, il faut s'assurer qu'elles sont douces; l'amande amère est pour le Perroquet un poison mortel, de même que le persil, bien que cette plante soit inoffensive ou même bienfaisante pour presque tous les autres animaux. Cette propriété du persil à l'égard des Perroquets est d'ailleurs si connue, que les cas d'empoisonnement d'un Perroquet par le persil sont heureusement très-rares.

Les Perroquets pris sur le nid sont difficiles à élever, même dans les contrées intertropicales; dans le midi de l'Europe, on ne réussirait pas à en élever une seule couvée, si l'on ne laissait le soin de leur éducation au père et à la mère. En Afrique et en Amérique, les sauvages en rapport avec les Européens, auxquels ils vendent avantageusement les Perroquets, les prennent à l'âge adulte par divers procédés. Le gris est ordinairement abattu à l'aide d'une flèche, dont le bout est entouré d'un tampon de coton; le coup ne fait que l'étourdir. Revenu à lui et mis en cage, il est aussi facile à apprivoiser et à instruire que s'il avait été pris au nid. On se sert aussi de la fumée, qui les étourdit et les fait tomber des arbres sur lesquels ils passent la nuit; mais la fumée de tabac, ou d'autres plantes narcotiques employées pour ce genre de chasse au Perroquet, dépasse souvent le but; beaucoup sont asphyxiés tout à fait, et plusieurs de ceux qui ne le sont qu'à moitié restent longtemps, sinon toujours, comme idiots, indolents et peu susceptibles d'éducation.

Le Perroquet redoute singulièrement la fumée; tenu dans un appartement dont la cheminée fume, il contracte une inflammation du larynx qui le fait périr. La fumée est aussi le moyen de correction qu'on emploie envers les perroquets trop criards, dont la voix perçante et discordante devient insupportable. Il est bon de faire observer que ce défaut n'est pas naturel aux perroquets; ils le contractent infailliblement quand ils vivent avec des gens qui se disputent et crient à tout propos. Ils imitent admirablement ce mode de grognement continu propre aux gens qui *bougonnent*, selon l'expression vulgaire. Lorsqu'un perroquet a contracté la mauvaise habitude de crier et de bougonner, on doit, pendant qu'il se livre à l'un de ces deux exercices, allumer un morceau de papier gris et lui en envoyer la fumée; il comprendra la punition et ne recommencera de longtemps. Je donne cette recette aux dames dont les maris crient et bougonnent; c'est bien assez pour elles d'entendre le mari, sans entendre de plus crier et bougonner le Perroquet. La durée de l'existence du Perroquet gris est fort longue; on peut citer des Perroquets de cette espèce qui ont récréé plusieurs générations d'amis dans la même famille, et qui ont authentiquement dépassé l'âge d'un siècle.

Malheureusement pour ceux qui achètent des Perroquets, ceux-ci ne sont pas porteurs de leur acte de naissance, et rien dans leur extérieur n'indique s'ils sont vieux ou jeunes ; les jeunes seuls apprennent à parler avec facilité, les vieux retiennent à peine quelques mots très-courts. C'est cette incertitude quant à l'âge des Perroquets qui fait qu'aux ports de débarquement on peut les acheter à très-bas prix, parce qu'on les achète absolument au hasard. Il n'en est pas de même à Paris et dans les grandes villes, où, avant d'en faire l'acquisition, on peut s'assurer de leurs talents. D'ailleurs, les marchands d'oiseaux des grandes villes ne vendent que des Perroquets instruits, et ils les vendent très-cher ; on risque seulement, en s'adressant à eux, d'avoir des perroquets trop instruits, dont le vocabulaire renferme bien des termes qui n'appartiennent pas au langage de la meilleure compagnie. L'inconvénient est d'autant plus grave que le Perroquet n'oublie jamais. J'en ai connu un très-vieux qui savait toutes les injures possibles et impossibles ; heureusement il les récitait en portugais sans scandaliser sa maîtresse, qui ne connaissait pas cette langue.

Les jeunes perroquets préfèrent la voix des enfants et des adolescents à celle des personnes plus âgées; les jeunes filles de l'âge de douze à quatorze ans sont en général celles qui réussissent le mieux à instruire les Perroquets : elles leur apprennent facilement à répéter non-seulement des phrases, mais encore des fragments d'airs ou des airs entiers qui ne sont pas trop chargés de notes. Une particularité fort importante à connaître quand on doit instruire des Perroquets, c'est que la mémoire de chacun de ces oiseaux a une certaine portée qu'elle ne dépasse point, sans qu'il y ait de sa part aucune espèce de mauvais vouloir. Cela n'empêche pas que le Perroquet ne puisse apprendre un assez grand nombre de membres de phrases, mais il ne faut pas que chacune de ces phrases dépasse le chiffre auquel est limitée la mémoire de l'oiseau. Le chiffre huit est le plus commun; les Perroquets qui retiennent de suite dix à douze sons ou syllabes sont rares et d'un prix très-élevé; ceux dont la mémoire est plus étendue sont si rares, qu'ils n'ont pas de prix.

Parmi une foule de récits qu'on retrouve partout sur l'instinct des Perroquets, j'en rapporterai un seul, sans plus, parce que tout le monde, au moment où j'écris, peut le vérifier par lui-même. Dans un des principaux cafés du faubourg Saint-Germain, à Paris, il y a un fort beau Perroquet gris qui sait

rire, commander l'exercice, et généralement tout
ce que doit savoir un Perroquet bien élevé. Comme
il ne manque pas de voix, son maître, jaloux de
compléter son éducation, a entrepris de lui apprendre à chanter l'air fameux : *J'ai du bon tabac dans
ma tabatière.* Le perroquet n'a qu'une mémoire
de huit syllabes, pas plus, de sorte qu'il a fort bien
appris à chanter : *J'ai du bon tabac dans ma ta*.....
Impossible de lui faire dire le surplus. Son maître,
impatienté, lui a répété à chaque leçon : « Mais dis
donc *batière*, gredin ! diras-tu *batière*, canaille ? »
L'oiseau a parfaitement retenu cette seconde série,
qui ne dépasse pas sa portée ; il chante agréablement : *J'ai du bon tabac dans ma ta*..... Et quelques instants après, s'il voit entrer son maître, il
lui dit, en imitant sa voix : *batière*, dis donc *batière !* diras-tu *batière*, gredin? Ce résultat imprévu
d'une éducation manquée a d'abord fort mortifié
le maître de l'établissement ; plus tard, la réputa-
tion de son perroquet s'étant répandue dans tout le
quartier et ayant attiré la vogue au café de son
maître, celui-ci en a pris philosophiquement son
parti.

Tout Paris a connu l'un des plus célèbres chi-
rurgiens de la capitale, qui boitait très-bas du pied
droit ; voici par quel accident ce malheur lui était

arrivé. Comme il était occupé à pratiquer sur un officier de marine une opération très-douloureuse qui faisait pousser au patient des cris lamentables, un Perroquet gris, auquel personne ne songeait, descendit de son perchoir, et, croyant venger son maître, perça de son bec crochu le talon de l'opérateur, qui, par suite de cette blessure, resta boiteux toute sa vie. Il y a dans ce trait du Perroquet beaucoup de réflexion, de calcul, et un désir évident de punir selon sa force celui qui faisait souffrir son maître, son ami.

Perroquets verts. — Les Perroquets verts appartiennent presque tous à l'Amérique du Sud; les deux espèces les plus recherchées sont l'*Amazone*, dont on connaît deux variétés, l'une à bec gris, l'autre à bec blanc, et la *Tête rouge*, espèce d'un vert sombre par tout le corps, avec une tache rouge de sang sur la tête. Parmi les Amazones, on recherche surtout les *blancs becs*, un peu plus gros et à peu près aussi bons *jaseurs* que les Perroquets gris. Ces Perroquets, bien instruits, sont très-chers. Les Amazones à bec gris, d'un prix moins exagéré, apprennent très-bien à parler, pourvu qu'ils ne soient pas trop vieux; mais c'est malheureusement une particularité que l'acheteur ne peut pas vérifier. Les têtes rouges sont de petite taille. Les Perroquets de cette race parlent beaucoup, mais peu distinctement, et sont tout à la fois bavards et criards; ce sont ceux contre lesquels on est le plus souvent obligé d'employer la fumée pour les déshabituer de trop crier ; cette leçon leur profite quelquefois trop, dans ce sens qu'ils restent ensuite des mois entiers sans vouloir reprendre la parole. Ce sont les moins chers, mais aussi les moins agréables des Perroquets familiers. Aucune espèce ou variété de Perroquet au plumage vert ne peut multiplier en Europe ; mais, sauf les cas de morts accidentelles, ils vivent aussi longtemps que les gris. Tous les Perroquets, mais particulièrement les verts, sont sujets à des accès d'épilepsie, qu'on fait cesser par une saignée habilement pratiquée à l'un des doigts ; quelques gouttes de sang suffisent pour mettre fin à l'attaque, et la plaie se cicatrise d'elle-même.

Kakatoès. — On recherche plus les Kakatoès, vulgairement nommés *Catacouas*, pour l'élégance de leurs formes et la beauté de leur plumage que pour leurs talents oratoires, plus limités que ceux des autres Perroquets. Les Kakatoès appartiennent tous au grand archipel Indien ; ils ont pour signe distinctif une huppe blanche en dessus, jaune ou d'un rose vif en dessous, qu'ils relèvent et abaissent à volonté. Les uns sont tout blancs, les autres d'un blanc légèrement teinté de rose sur les parties saillantes des ailes. Tous sont de forte taille, un tiers au moins plus grands que les Perroquets verts amazones, et deux fois aussi grands que les Perroquets gris africains. On les nourrit comme les autres Perroquets ; ils sont excessivement sensibles au froid et sont souvent fort malades à l'époque de la mue, après laquelle leur plumage rajeuni leur rend toute leur beauté. Leur longévité, en Europe, est moindre que celle des Perroquets gris ou verts. Quoique les Kakatoès soient en général doux et inoffensifs, leur extrême attachement pour leur maître les rend très-sujets à la jalousie envers les enfants qu'ils voient caressés en leur présence ; ils peuvent, dans ce cas, en raison de leur force supérieure à celle des autres Perroquets, donner lieu à de déplorables accidents que la prudence peut aisément éviter.

Aras. — J'ai peu de chose à dire des Aras, énormes oiseaux qui atteignent presque la taille d'un dinde de moyenne grosseur. Ces Perroquets, dont on élève trois belles espèces, l'Ara bleu, l'Ara rouge et l'Ara vert, ne sont à leur place que dans les ménageries ou dans les très-grandes serres. Leur force et la grosseur de leur bec recourbé ne les rendent pas redoutables, tant leur caractère est doux et bienveillant. Les Aras parlent peu et crient beaucoup; ils répètent fréquemment d'une voix à fendre les oreilles le mot *Ara*, origine de leur nom. Leur société n'offre donc rien de particulièrement agréable, et ce ne sont pas, à proprement parler, des oiseaux d'appartement.

Perruches. — Il en est tout autrement des Perruches (grav. 40); le commerce est en mesure d'en fournir aux amateurs une vingtaine de variétés dignes d'estime à divers titres. L'une de celles qui parlent le mieux, d'une voix claire mais flûtée, analogue à celle d'un enfant, c'est la Perruche à moustache, d'un vert clair sur tout le corps, avec une belle paire de moustaches noires qui, partant des deux coins du bec, vont se rejoindre derrière la tête. On nourrit les Perruches comme les Perroquets; elles deviennent aussi familières que les Perroquets, et, bien qu'elles ne puissent retenir au delà de quelques mots peu compliqués et qu'elles ne chantent pas, leur conversation n'en a pas moins son charme. Aucune Perruche ne paraît douée d'une aussi grande longévité que les Perroquets, mais on peut les garder en captivité de vingt-cinq à trente ans, ce qui forme déjà un bail d'une assez longue durée. On cite des Perruches tellement attachées à leur maîtresse, qu'elles n'ont pas voulu leur survivre et se sont laissées mourir de faim.

Grav. 40. — Perruche.

RÉSUMÉ

—

Dans tout ce que nous venons de faire d'horticulture intérieure, vous avez eu l'occasion de pratiquer presque toutes les opérations du jardinage, et, s'il vous arrivait plus tard d'avoir à votre disposition un vrai jardin, vous connaîtriez déjà les trois quarts de ce qu'il faut savoir pour bien le gouverner. Parvenu au terme des instructions que j'avais à vous donner à ce sujet, je crois devoir, avant de prendre congé de vous, résumer ici quelques conseils supplémentaires qui n'ont pas pu trouver place dans les chapitres précédents, et qui, je l'espère, se graveront mieux dans votre mémoire, si vous les lisez réunis, en vous rappelant mes conseils antérieurs.

En premier lieu, ne vous encombrez pas d'une multitude de plantes hors de proportion avec l'espace dont vous disposez pour le jardin sur la fenêtre ou dans l'appartement. Les plantes cultivées en pots ont besoin d'air et de jour tout autant que de terre et d'eau. Serrées les unes contre les autres, elles se nuisent réciproquement, fleurissent mal, se déforment, et leur culture ne peut vous procurer que des déceptions.

En vous indiquant les meilleurs moyens de tirer parti d'un très-petit jardin, je n'ai pas suffisamment insisté sur la nécessité de n'y admettre que les plantes, arbres et arbustes qui peuvent y tenir à l'aise; toutes les fois qu'on plante, on est toujours tenté de planter moitié trop. On veut voir le terrain immédiatement garni, sans songer que les végétaux qu'on y plante grandiront, et que, en définitive, il vaut bien mieux n'en avoir qu'un certain nombre doués de toute la beauté propre à leur espèce que d'en avoir une multitude, étouffés les uns par les autres.

Si, dans un petit jardin, vous avez de la place pour quelques arbres fruitiers, que vous choisirez selon l'exposition, et plus encore selon la nature du terrain, je ne puis trop vous engager à ne planter, soit en espalier, soit en cordons horizontaux, soit en pyramide, que des arbres tout formés. Ces arbres ne sont jamais d'un prix excessif, et puis il vous en faut si peu, que la différence du prix entre de très-jeunes arbres et des arbres bien établis peut être considérée comme insignifiante. Je comprends qu'il ne vous est pas possible, pour une demi-douzaine de poiriers et pour un ou deux ceps de vigne, de suivre un cours pratique de taille raisonnée des arbres fruitiers; donc, de jeunes arbres, que vous seriez dans l'obligation de façonner vous-mêmes, seraient inévitablement estropiés et ne vous donneraient aucune satisfaction. Des arbres tout formés, bien constitués, que vous pouvez gouverner selon une marche toute tracée, sont les seuls qui vous conviennent.

Si, comme il arrive souvent, votre petit jardin, enfermé dans de hautes constructions, manque d'air pour l'évaporation de l'humidité, ne laissez pas envahir vos arbres par la mousse, qui leur causerait un tort irréparable. Dès que vous apercevez une tache de lichen jaunâtre sur l'écorce d'un arbre fruitier ou sur la tige d'un groseillier, armez-vous d'une brosse rude, et, par un temps humide, détachez la mousse avant qu'elle ait le temps de prendre possession de la surface de vos arbres.

Quand l'étendue disponible et la nature du terrain permettent d'y planter un groupe de beaux Rosiers greffés sur églantier, à haute tige, c'est une vive contrariété d'en voir quelques-uns végéter, pour ainsi dire, à regret, et refuser obstinément de fleurir. Le remède, qui manque rarement son effet, c'est de déplacer les Rosiers, ne fût-ce que pour les replanter à un mètre de distance de leur première position. Ce simple changement de lieu les oblige à fleurir. Ce conseil est également applicable aux Rosiers cultivés en pots sur le balcon ou sur la terrasse; s'ils végètent passablement, mais qu'ils ne donnent pas de boutons, ou bien que leurs boutons avortent, au mois de novembre, quand la séve est bien arrêtée, dépotez-les et changez-en complétement la terre; il est probable qu'ils fleuriront l'année prochaine. Veillez aussi avec soin à ne pas laisser vos Rosiers greffés sur églantier s'épuiser à donner des rejetons, dont la croissance ne peut se faire qu'aux dépens de la vigueur de la greffe.

Quand vous semez, n'importe quelle graine, soit en pot sur la fenêtre, soit en pleine terre dans le petit jardin, ayez toujours égard au volume de la graine; plus elle est petite, moins elle doit être recouverte. Les graines très-fines, celles de Clarkia, par exemple, doivent être seulement répandues à la surface du sol, sans y être enterrées. Vous tamiserez

par-dessus une petite quantité de terreau pulvérisé ;
cela leur suffit. Si la sécheresse vous oblige à arroser les semis, répandez l'eau avec un arrosoir à
gerbe percée de trous très-fins ; sans quoi vous dur-
ciriez la terre en l'arrosant ; elle serait plombée,
comme disent les jardiniers, et les graines fines ne
lèveraient pas. Les graines de moyenne grosseur,
comme celles de la Balsamine et de la Lavatère, ne
pourraient lever si elles n'étaient recouvertes d'un
ou deux centimètres de terre. Les semences encore
plus grosses, telles que celles de Belle-de-nuit ou
de Lupins, doivent être enterrées à trois ou quatre
centimètres de profondeur.

Quand vous récoltez les graines de vos plantes
d'ornement en pots ou en pleine terre, choisissez
toujours celles qui proviennent des plus belles
fleurs de chaque espèce ; il en est, comme celles
de la Pensée et de la Balsamine, par exemple, dont
les capsules s'ouvrent au moment même où la
graine arrive à maturité, ce qui en rend la récolte
assez difficile. Quand les plantes sont en pot, on
entoure le pied d'une feuille de papier pour recevoir les graines à mesure qu'elles tombent ; si elles
sont en pleine terre, on adapte un petit cornet à la
tige qui porte les fleurs dont on désire ne pas perdr
la graine.

Quand vous levez de terre les griffes de Renoncules ou d'Anémones qui viennent de fleurir, détachez-en avec soin les jeunes griffes qui se sont formées autour des anciennes, comme les caïeux formés autour des oignons à fleurs. Quand même vous n'auriez pas besoin de ces jeunes griffes pour combler les vides qui peuvent se produire dans les rangs de vos Renoncules et de vos Anémones, il faudrait toujours les séparer des anciennes, dont elles entraveraient sensiblement la floraison. Si l'espace vous manque pour les élever en pépinière, en attendant qu'elles soient disposées à bien fleurir à leur tour, faites-en des générosités; mais ne les laissez pas adhérentes à celles qui leur ont donné naissance.

Si votre jardinière ou votre serre d'appartement possèdent quelques plantes rares et réellement belles, ne cédez pas au désir inconsidéré de les multiplier, en en détachant trop de boutures. On comprend qu'un jardinier de profession, lorsqu'il reçoit une plante nouvelle, tient à profiter le plus complétement possible de la faveur et de la cherté passagère d'une plante rare; il ne craint pas, par conséquent, de la déformer pour en tirer le plus possible de boutures. L'amateur ne doit pas céder à de semblables considérations. Il ne faut pas non plus qu'il donne dans l'excès contraire, et qu'il n'emploie, pour en faire des boutures, que les rameaux chétifs et défectueux. C'est ce qui a lieu trop souvent à l'époque de la taille des Pélargoniums et des Fuchsias; pour ne rien perdre, ces deux plantes pouvant être aisément multipliées de boutures, on se sert à cet effet de tout ce qu'on retranche à la plante en la taillant au moment de la reprise de la végétation, après l'hivernage. Le fragment de rameau d'une de ces plantes est, en effet, très-disposé à s'enraciner lorsqu'il est bouturé; mais il n'y a que les rameaux bien constitués et bien conformés qui donnent de bonnes plantes. Les boutures faites avec des rameaux chétifs ne peuvent produire que des plantes dégénérées, inférieures sous tous les rapports aux plantes dont elles sont une multiplication. Je vous engage aussi à ne pas céder, par une condescendance exagérée, aux sollicitations de vos amis, qui, voyant dans votre jardin d'appartement des plantes rares et belles qui manquent à leurs collections, sollicitent indiscrètement des rameaux pour boutures, quand vous ne pouvez pas leur en donner sans déshonorer vos plus belles plantes.

En achetant des plantes grasses naines pour garnir l'étagère, faites choix des plus petites, et si vous n'êtes pas particulièrement connaisseur de ce genre de plantes, n'achetez que celles qui portent des boutons à fleurs : il y en a, et des plus remarquables, qui fleurissent difficilement, et dont vous pourriez ne jamais voir les fleurs, si vous les achetiez immédiatement après qu'elles auraient fleuri, circonstance dont, en les achetant, vous n'auriez pas pu vous apercevoir.

Dans la jardinière, où la place d'honneur revient de droit au Camellia, ce prince des arbustes d'ornement ne doit se montrer que depuis le moment où ses premiers boutons se disposent à fleurir, jusqu'à celui où sa floraison splendide est complétement épuisée. Il y est à sa place, parce que ses fleurs si belles de formes et de coloris n'ont pas d'odeur, et ne peuvent influer en mal sur l'atmosphère intérieure d'une chambre habitée. Mais, le reste du temps, depuis le commencement de la belle saison jusqu'aux premières nuits fraîches de l'automne, sa place est dehors, sur le balcon, à l'est ou à l'ouest plutôt qu'en plein midi. Si vous n'avez de fenêtres qu'au midi, arrangez-vous de façon à préserver les Camellias du contact direct des rayons solaires pendant les heures les plus chaudes de la journée, soit en les ombrageant sur le balcon même, soit en les rentrant temporairement dans l'appartement. La même précaution est nécessaire à l'égard des Azalées, des Kalmïas et des autres arbustes d'ornement de terre de bruyère qui peuvent tenir compagnie au Camellia dans votre jardinière d'appartement.

En vous engageant à faire le plus possible de boutures dans votre serre portative chauffée, je vous ai recommandé de ne pas vous décourager si vos boutures de plantes ligneuses mettent un temps très-long à s'enraciner. Quand vous bouturez des plantes d'un tissu sec et très-serré, telles que des Éricas, des Épacris, des Camellias, si vous craignez d'attendre trop longtemps pour voir le résultat de votre opération, il faut *étrangler* vos boutures, ce qui signifie, en termes de jardinage, que vous devez faire à la partie inférieure de la branche que vous vous proposez d'utiliser comme bouture une forte ligature avec dix à douze tours d'un fil de soie très-serré. La ligature fera naître un bourrelet sur le rameau ; vous le couperez quand le bourrelet sera suffisamment apparent, et vous en ferez une bouture à la manière ordinaire ; les racines sortiront du bourrelet beaucoup plus tôt qu'elles ne seraient sorties de la bouture qui n'aurait pas été préalablement étranglée. Si vous voulez multiplier de bouture quelque Cep de vigne d'une espèce recherchée qu'il vous convient de substituer à celle d'espèce plus commune qui tapisse la muraille du côté de votre petit jardin, prenez pour bouture un sarment terminé à sa partie inférieure par un morceau de bois de deux ans : c'est ce que les jardiniers nomment une crossette. Pour que la crossette s'enracine bien, avant de la mettre en terre enlevez-en l'écorce sur toute la surface, à partir de l'insertion du sarment. La décortication de la crossette assure la reprise de ce genre de bouture, et favorise l'émission de vigoureuses racines. Il en résulte que, dès la première année, on obtient ainsi un jeune cep qui pousse immédiatement avec énergie, au lieu d'en avoir un qui languit deux ans avant de se décider à bien végéter, tels que sont ceux que donne le bouturage ordinaire.

Si votre position et l'étendue du logement que vous occupez vous permettent d'avoir un Aquarium d'assez grandes dimensions, comme le plus grand nombre des plantes que vous y pouvez cultiver ne sont que peu ou point florifères, rangez aux quatre angles quatre pots à fleurs de petites dimensions, remplis de bonne terre, que vous dissimulez avec des rocailles ; les interstices de ces rocailles seront l'asile favori des petits poissons et des coquillages d'eau douce vivant dans votre Aquarium. Dans ces pots submergés, plantez un pied un peu fort de Lobélie de la Virginie, aux gracieux épis de fleurs d'un beau bleu ; la présence de ces épis à floraison très-prolongée rendra plus gai l'aspect de la végétation de l'Aquarium à l'eau douce, tout rempli de plantes qui fleurissent peu et pendant un temps très-court.

Si vos oiseaux de volière sont familiers et d'un bon caractère, vous pouvez, pour leur santé et pour votre agrément, leur donner de temps en temps, à tour de rôle, quelques heures de liberté, en prenant soin d'écarter les chats. Un seul doit être excepté de cette faveur, c'est le Bouvreuil. Si vous le laissiez faire, il commencerait par aller couper toutes les jeunes pousses des Camellias, des Rosiers, des Groseilliers, Framboisiers et Cerisiers forcés, de sorte que pas une de ces plantes ne fleurirait. Punissez-le donc de son indiscrète voracité, et qu'il soit condamné à la réclusion perpétuelle ; les autres pourront jouir de quelques heures de demi-liberté ; ils iront se poser sur vos plantes et arbustes d'ornement, et ils n'y commettront aucun dégât.

Quand vous aurez mis mes conseils à profit, que vous verrez autour de vous croître, prospérer et fleurir les plantes de votre jardin sur la fenêtre et dans l'appartement, égayé par le chant des oiseaux de la volière suspendue au milieu des fleurs, vous reconnaîtrez avec moi qu'on peut faire encore assez d'agréable jardinage sans jardin, et qu'avec des soins intelligents donnés au jardinage intérieur on peut, dans d'assez larges limites, parvenir à se dédommager de la privation d'un jardin véritable.

FIN.

TABLE DES MATIÈRES

CHAPITRE VIII

DEUXIÈME PARTIE

AQUARIUM ET POISSONS

TROISIÈME PARTIE

OISEAUX D'APPARTEMENT

PARIS. — IMP. SIMON RAÇON ET COMP., RUE D'ERFURTH, 1.

www.ingramcontent.com/pod-product-compliance
Lightning Source LLC
LaVergne TN
LVHW010303190726
843502LV00014B/1103